思慕雪 & 果蔬汁

一 杯 锁 住 营 养 与 健 康

Smoothies & Juices

HEALTH AND ENERGY IN A GLASS

[意] 毛里齐奥·库萨尼
钦 齐 亚·特伦基 ◎著

程艺蕾◎译

文字介绍

毛里齐奥 · 库萨尼

图片及配方

钦齐亚 · 特伦基

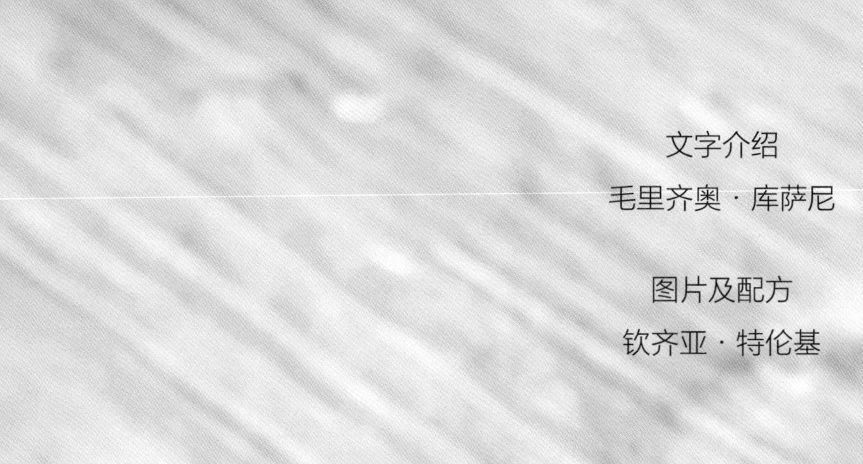

前　言

Preface

钦齐亚・特伦基

制作一杯思慕雪，不必牺牲其他家庭或工作的安排，也不必在厨房花费很多时间，不需要参加任何特别的培训班。只要给自己一台电动搅拌杯就够了：仅用几秒钟，果肉和蔬菜就能变成多种美味的、柔滑细腻的饮品，色香诱人，口感软滑香浓。用一台简单的手动榨汁器就能榨出橙子、橘子、西柚、柠檬类水果的果汁。而蔬菜则需要用到挤压式果汁机、离心式果汁机，或者某种能把蔬菜的汁液从固体组织中分离出来的工具。

在市场上，你能找到任何想要的设备，琳琅满目的款式供你挑选。要找到最佳的家用设备，你需要记住一些简单的考量标准：榨汁处理过程的速度不应过快，否则可能流失食物的营养；榨汁的过程不应太粗暴或温度太高。最后，要仔细考虑设备的价格，当然价格也是与你所期望的功能相关联的。解决了设备的问题，你就可以放飞想象尽情创造各色果汁，或者按照本书的配方来制作。

本书有五大章供你获取灵感，做出丰富诱人的搭配组合，分别是纯果汁和思慕雪、蔬菜汁和思慕雪、果蔬混合汁和思慕雪、素食植物蛋白果汁和思慕雪以及含动物蛋白的果汁和思慕雪。

创新的配方将色彩、口味和力求淳朴自然的理念完美结合，辅以香料香草，偶尔加入一点油脂，创造出风味超然的饮品。将食材天然的味道调和在一起，给予味觉充分的满足感。同时，这些食材富含对身体有益的营养成分，让我们的日常饮食更健康。书中还附有很多配餐建议，主张遵循时令季节选择自然熟透的蔬菜水果，以丰富我们的餐点和零食。

目　录

Contents

概　述

Introduction

毛里齐奥・库萨尼

现代西方生活方式中，典型的日常饮食一般富含精制糖类、盐和红肉。

因而导致代谢性疾病（如糖尿病和肥胖）、癌症和退行性疾病（如涉及心脏和循环系统的问题）的发病率呈指数增长，而且这个变化与预期寿命的增加并不相关。通过改变饮食习惯来促进健康，其实并没有那么难，甚至可以是一个简单而愉悦的过程，在减轻体重的同时，提升个人的健康与幸福感。

那么，果汁、果浆和思慕雪如何能帮助我们实现这一点呢？

在接下来的章节中大家会看到更多的细节。

几乎所有身体器官的老化过程都与长期积累的毒素有关，例如自由基就是这样，但我们其实可以通过在膳食中摄取具有抗氧化作用的营养物质，来有效调节和控制自由基的活动。

所以，应该选取富含抗氧化成分、热量又低的食物，制订能预防疾病、延长寿命、保持青春和皮肤弹性的最佳饮食方式。富含这类有益成分的食物就是水果、豆类和蔬菜。

烹饪和长时间的储存会降低抗氧化物质的活性。因此，这类食物最理想的食用方式是尽可能生食；此外，最好选择食用本地种植且自然成熟的食物，减少运输时间。

一种可能的解决办法是返璞归真食用全天然的完整的生鲜食物，并在家自行制作面食，但这样往往需要很长的准备过程。现代生活中人们想要达成的目标繁多，大多数人只能将很有限的时间花

在家庭生活上，这就意味着我们很难真的应用那些古老而缓慢的烹饪方式。另一个选择，一种更简单且更创新的解决办法则是将有益于我们身体的健康食材搭配混合成饮品，例如果汁、果浆和思慕雪，它们制作方便，食用快捷，让我们的身体总能持续而均衡地摄入纤维素、矿物质、脂肪、糖和蛋白质。

实际上，果汁、果浆和思慕雪能给我们的身体提供高浓度的营养，富含对保持健康非常重要的各种成分，同时热量并不高，有助于减轻体重。当然，在选择这种饮食方式前必须认真评估个人的身体情况。数百年来，各地的家庭都有着制作果蔬饮品的传统，主要是给家里的孩子、老人和处于康复期的家庭成员补充营养。如今这类饮料变得越来越受欢迎，因为准备起来简便，饮用益处良多，还能随心所欲尝试多种多样的混合搭配，让成品色彩斑斓，尽现食物之美。甚至有人因此提倡“流质饮食”，这也的确能带来很多好处，比如可以在保证身体健康的前提下轻松减轻体重。

果汁、思慕雪和乳化果汁到底是什么?

果汁　通过挤压水果，滤去纤维部分，我们就能获得果汁。柑橘类的果汁可以轻松用一台手动的柠檬榨汁器搞定。传统的鲜榨橙汁和西柚汁都特别受欢迎，当然苹果和梨的鲜榨果汁也很流行。

由于果汁可能呈现出极为浓重的口味，有时太酸、太苦或太涩，所以我们经常会用水，或在夏天时用冰来稀释。

这类纯果汁是某种水果的精华，与含有其他成分的饮料和果汁饮品截然不同。

离心分离的果汁 应用离心式果汁机从植物中萃取出来的果汁，被称为离心分离果汁。我们经常会把不同水果和蔬菜在榨汁过程中混合在一起做成混合果蔬汁，例如把西红柿、胡萝卜与苹果或梨搭配调和。我们每个人都可以尽情发挥自己的想象，发明出新的混搭组合。本书旨在提供一系列的建议，并启发大家做出创新的配方。

思慕雪 保留了水果和蔬菜中纤维部分的饮品被称为思慕雪。思慕雪可以为身体提供更为全面的活性复合成分，比起水果和蔬菜的其他食用方式能更好地调节消化系统，同时带来更强的饱腹感。

虽然思慕雪有时含有较高的热量，但它所带来的更强的饱腹感能引发消化神经的反应，让人不觉得饥饿难耐，喝完后好几个小时也不会觉得胃里空。这样就可以帮助我们降低进食的需求，更好适应各种节食方案。

根据个人的健康需求，可在思慕雪中加入牛奶、豆浆、蛋黄、酸奶等许多其他成分。

乳化果汁 乳化是指一种液体以极微小液滴的状态均匀地分散在互不相溶的另一种液体中的作用。

也就是说，乳化过程涉及两种液体状态，一种是被分散的物质，称作分散相；另一种是使其分散的、称作连续相的分散介质。比如在水和油的乳化中，水变成微小的水珠均匀散布在油中。另一个例子是天然的乳化物牛奶。适合瘦身饮食的乳化果汁可含有特级初榨橄榄油、蛋黄和乳清奶酪。

制作鲜果汁和思慕雪

如何选择食材？ 懂得选择最合适的水果和蔬菜很有必要。事实上，最重要的就是要选择新鲜的、成熟的、有机生长的果蔬，这样的果蔬含最少的杀虫剂。否则，非有机种植方式会使很多有害化学成分残留在果皮上，甚至渗透进果实里面，那么制作出的思慕雪也会含有害物质。最好选用本地的食材，因为其中的天然成分不会因运输而损失。

为了让思慕雪更容易消化且适合多种饮食方案，可加入低脂牛奶、豆浆或无添加的低脂酸奶。

最后要牢记，果蔬汁和思慕雪须趁新鲜饮用。最好不要冷藏，因为冷藏会降低果蔬汁和思慕雪中维生素的含量和活性成分的效用。

增加甜度 思慕雪最好不加糖，因为水果和很多蔬菜（如胡萝卜）已经含有很多糖分。此外，蔬菜汁思慕雪还可以用香料、香草、柠檬汁等其他调味料来增添风味。

如果还是想要更甜的口味，最佳的甜味剂是蜂蜜，它能充分与果汁混合。尽可能选择本地蜂蜜，国内蜂蜜生产的监管措施更为完善（进口蜂蜜可能含有抗生素）。避免用糖来调味。

色彩 色彩是一种有趣的标识。其实，水果和蔬菜的颜色显示出了抗氧化剂的存在（还能以此判断出是含哪一类抗氧化剂）；将这些食材科学地搭配调和在一起，就能制作出营养均衡、赏心悦目的混合

饮品。此外，色彩向来在食物卖相中担当重要的角色，因为色彩能传递影响饮食愉悦感的信息和感受。在古代，人们就懂得利用色彩来丰富餐桌，加入美学修饰，改变食物天然的样子，直到今天仍在亚洲美食中广泛应用。例如在中国和日本的饮食文化中，一道菜的摆盘与色彩的搭配同等重要。根据色光治疗学中的多种疗法，色彩对调节心理平衡的积极作用应可以通过食物激发出来。

举几个简单的例子，暖色调（如红色、橙色和黄色）能刺激食欲并唤醒生机；冷色调（如蓝色和紫色）则可以抑制过度兴奋，能让焦虑躁动的人冷静下来。所以，在菜肴中应用不同的色彩组合能激发身体、意识和情绪的相应反应。

红色是爱情和热情的颜色。它能促使血液中肾上腺素的产生，加快心跳和呼吸频率，引起全身血压的升高。它还能激活肝功能，活跃中枢神经系统，激发勇气、精力和活力。

粉色是镇静且放松的。它表达着和谐与和善，令人联想到女性和惹人喜爱的气质。

橙色传递着乐观和对生命的渴望。能促进生长发展，使人轻松愉快和健康。它具有一种带来活力、温暖和欢乐的效力，还能表达爱意。

黄色是光芒和力量的象征。它能抵抗抑郁，改善情绪、学习、注意力、沟通和人际关系。

绿色带来平和。降低暖色调带来的过度刺激，却又不失活力；减弱冷色调带来的镇静效应，而又唤起警觉。

各种色调的紫色有着安抚的作用，带来平静和从容。特别适合焦虑和容易激动的人。

棕色让人想起古时农耕的传统——土地和木材，回归传统的信仰和母亲的子宫。它能引发反思和内心的宁静。

白色是开放、清晰和光亮的象征。它代表着朴素、清白和纯洁。

在食物中混合两种或以上的颜色，可以帮助平衡它们各自的特性，抑制过强的、过于直接的作用，也令人有意无意地自我暗示这份饮品的和谐功效，让果汁的享用过程更生动有趣。

健康果汁及瘦身果汁

如今，减轻体重是保持健康的最佳方法之一。现在大多数节食方案第一个月都很有效，随着时间推移却逐渐失去效果，主要原因在于节食减去的大部分体重实际上是身体里的水分：当水分流失，体重随之显著下降，但减去的脂肪却很少。这就是为什么低热量饮食方案必须配合运动和高水分的食物，例如以果汁、离心分离饮料和低热量思慕雪为主的流食。

显而易见，我们应该避免饮用那些用奶油、杏仁和巧克力制成的经典思慕雪，或者加糖的饮料，而用能够提升活力且热量低又清新的果蔬思慕雪来替代，不但适合炎热的季节，即使在冷天也适合饮用来预防流感。这种健康的富含水分的配餐也有益于全面保健。在了解配料的前提下，可混合黄瓜、芹菜、树莓、哈密瓜、甘蓝、石榴、苹果、梨等低热量的成分以增强饱腹感，加入调味料和辛香成分促进新陈代谢并减轻体重，例如姜、胡椒和辣椒，以及更为常见的薄荷和柠檬等。

持之以恒，需要时向医学专家寻求指导，也是必不可少的。

纯果汁和思慕雪

简单而美味

钦齐亚・特伦基

思慕雪非常容易制作，只需要遵循以下的原则。

苹果、梨、哈密瓜等果肉硬而质密的水果必须要与液体搭配制作；如果当时的季节无法用冰，可以与其他果汁混合。柑橘类水果是制作果汁的主力，柠檬是几乎所有原料的绝佳伴侣，而微苦的西柚、甘甜的橘子、营养美味的橙子也都是很棒的选择。任何类型的水果都可以用来做成思慕雪，你可以根据时节选择充分成熟的水果，切块、去核、去皮，只保留有机水果的果皮；要时刻记住，有机果蔬通常并不是完美光滑无缺陷的！用离心机制作果汁时也同样要注意：谨慎加入果皮，尤其是橘皮，只适宜保留极少量并且切成小块。一年中的每个月大自然都赐予我们好吃的水果，可以按时节选择成熟的草莓、菠萝、树莓、柿子、黑莓、仙人掌果，等等。你会惊喜地发现用成熟、自然甜味的水果制成的纯果汁和思慕雪口感更平衡完美、生津止渴且让人非常满足，而制作的过程更是一个愉悦的仪式。

纯果汁和思慕雪可以作为餐前饮品、餐后甜品、早餐或运动后的零食。一大杯美味的水果饮品所含的热量只相当于两小块曲奇，却能带来更大的满足感，这是多么棒的惊喜啊！然而，在选择水果时要注意：最好不要用含水量低或质地浓稠的水果来做果汁，如香蕉、柿子等。

维生素和能量

毛里齐奥・库萨尼

新鲜、应季的水果是健康的、快速补充能量的来源，能提供对身体健康非常重要的维生素。例如，野生莓果富含强效抗氧化剂；柑橘类水果富含维生素C，苹果、梨等木本水果含膳食纤维，有益于保持胃肠系统的健康。

在我们的生活中，很多时候都需要快速提升能量。比如说，我们可能在运动、训练或体育竞赛后需要迅速恢复身体状态：一份简单的、易于吸收的含糖果汁或思慕雪和大量的水就是理想的解决方案。类似的，果汁精华可以给虚弱的老年人、感冒康复中的儿童、术后出院的病人、出于各种原因需要短时间恢复健康的人群快速提供能量。

最后，果汁和离心饮品含水量非常高，可以在夏天、健身后，甚至因胃肠功能紊乱而导致的各种脱水情况下为身体补充水分。

2份 300克新鲜菠萝 2个橙子

鲜橙菠萝思慕雪

难度：简单

制作：10分钟

热量：94千卡/份

（1卡路里=4.1855焦耳——译者注）

1. 菠萝去皮，剔除硬质纤维的部分。切成小块，倒入电动搅拌杯。
2. 橙子去皮，剥掉白筋膜。切小块倒入菠萝块中。
3. 将原料搅拌成均匀、柔滑的混合饮品。
4. 将思慕雪倒入玻璃杯中并立即饮用。
5. 鲜橙菠萝思慕雪非常解渴。适合在炎热的季节饮用，可以加入冰或少量冰水稀释。

配方特性：

鲜橙菠萝思慕雪可以帮助补充身体的水分，快速恢复精力，特别适合感冒和生病的孩子。建议夏季饮用，帮助身体应对压力，有助于炎症疾病后身体的恢复。

橙 富含维生素，特别是维生素C。它是应对冬季疾病的天然助力。含钙、锌、铜和铁，还有大量的多酚类物质，抗氧化作用强，帮助抵御衰老。

菠萝 可用于应对水肿、橘皮组织、肌肉损伤和循环问题。所含菠萝蛋白酶也有抗血小板的作用，让血液流动性更好。菠萝果肉是血管栓塞人群的灵丹妙药，但在服用抗凝血药物时，注意不要过量食用。

2份

1根香蕉
2个柠檬
100克红醋栗
4个菇娘果

香蕉柠檬思慕雪配红醋栗和菇娘果

难度：简单
制作：10分钟
热量：110千卡/份

1. 香蕉去皮，切成小块倒入电动搅拌杯。
2. 用榨汁器取柠檬汁，倒香蕉块中。
3. 红醋栗带枝洗净，置于厨房纸吸干水分。
4. 剥开菇娘果的外衣，但不需要摘掉。
5. 将香蕉柠檬汁搅拌成质地均匀、柔滑香浓的混合饮品。倒入玻璃杯，点缀红醋栗和菇娘果。
6. 可作为天然的甜品或快速早餐。

配方特性：

这款加入红醋栗和菇娘果的香蕉柠檬思慕雪是在剧烈活动后补充水分和糖分的理想能量饮品。它具有抗氧化的特性，适用于寒冷的季节，味道极佳，带来饱腹感，是可帮助减轻体重的饮食选择。

菇娘果 是维生素C的极佳来源。中医认为可帮助治疗肾结石。它富含单宁，是良好的利尿食品和净化食品。

柠檬 是柑橘类水果中含糖最低的，富含纤维素。

红醋栗及黑醋栗 是最常见的醋栗品种，具有很好的抗老化作用。

香蕉 富含葡萄糖、果糖、蔗糖等天然的碳水化合物，有益人体健康。

1份　1个去皮柿子　2个柑橘

秋柿柑橘思慕雪

1. 柿子去蒂，置于碟中。将果肉小心取出，倒入电动搅拌杯，避免混入果皮果核。
2. 柑橘榨取果汁，倒入柿子果肉中。
3. 搅拌成柔滑香浓的混合饮品。倒入玻璃杯。
4. 即时饮用最佳。柿子氧化很快，几分钟就会变得不新鲜，影响口味。
5. 这个配方能迅速补充能量，是味道香甜的完美饮品，也是最能带来饱腹感的思慕雪之一。因此，可以用在瘦身饮食计划中来缓解对食物的渴望。

难度：简单
制作：5分钟
热量：210千卡/份

配方特性：

秋柿柑橘思慕雪是一款特别提神且饱腹感强的饮品。因此推荐作为瘦身饮食方案的选择。在寒冷天气饮用可有助于对抗冬季疾病。

柿子　成熟时色泽橙红鲜亮，源于日本和中国。甜味的果肉很甘美，但有时，特别是未成熟时，会带有单宁的涩味。在日本，柿子汁可用来助喝多了日本清酒的人解酒醒酒。由于富含钾、糖类、β-胡萝卜素和维生素C，柿子汁特别适合运动员、儿童以及面临生理心理挑战的人们，帮助他们重获活力。

柑橘　富含维生素C、维生素A和B族维生素。此外，叶酸、纤维素和铁、镁等矿物质含量也很高。

2 份

2 个柠檬
200 克醋栗
1 个番荔枝

番荔枝柠檬醋栗思慕雪

1. 洗净柠檬，榨汁待用。
2. 洗净醋栗，将果实从枝条小心摘下，放入电动搅拌杯中（可留出一小勺最后用作点缀）。
3. 番荔枝去皮，去籽。果肉切碎，放到搅拌杯里的醋栗上。
4. 倒入柠檬汁，搅拌成质地均匀、柔滑香浓的混合饮品。
5. 倒入玻璃杯，随意装饰。即时饮用，享受新鲜的最佳风味。

难度：简单
制作：**10分钟**
热量：**85千卡/份**

配方特性：

番荔枝柠檬醋栗思慕雪清新爽神，格外解渴，任何季节饮用都适宜，还尤其适合预防治疗冬季疾病。热量低，适合任何瘦身饮食。

番荔枝 富含维生素C、钾等矿物质，和有助于缓解便秘的纤维素。与芒果的热量相同（每100克含75卡）。这种水果含有番荔枝内酯，是强效的抗氧化多酚。由于这也是一种细胞毒素类的成分，传统上被用于治疗肠道寄生菌和寄生虫。

柠檬 酸涩，虽然含高纤维素，并不推荐受便秘困扰的人们食用。

醋栗 一种浆果，富含花青素和抗氧化多酚。

2 份　300 克去皮鲜无花果　1个有机鲜橙

鲜无花果香橙思慕雪

难度：中等

制作：10分钟

热量：95千卡/份

1. 轻柔洗净鲜无花果，去蒂去皮，切成小瓣放入电动搅拌杯中。
2. 鲜橙去皮，留出少许橙皮最后作成品装饰用。
3. 橙肉去白筋膜，切块加入无花果肉中。
4. 搅拌混合至质地均匀。
5. 将饮品倒入玻璃杯中，用橙皮点缀，即时享用。

配方特性：

鲜无花果香橙思慕雪是经典的夏秋补品，适用于各个年龄的人群。是完美的能量激活饮品，适宜在运动后、手术后或疾病恢复期饮用。能促进补充水分，快速被身体吸收。

无花果　富含易消化的糖类和矿物质，如铁、钙、磷酸盐等。还富含维生素A、维生素C和B族维生素，以及植物纤维——木质素，能改善肠道活动能力，非常适合受便秘困扰的人群。

橙子　含多种维生素，有助恢复体力，适合康复期、感冒或体力活动后食用。除维生素C外，还含有B族维生素和维生素P，柠檬酸和纤维素，有助于强化免疫防御能力。

2份 300克去皮鲜无花果 1个柠檬

鲜无花果柠檬思慕雪

1. 轻柔洗净鲜无花果。去蒂，去除部分果皮（留下约一半），然后切碎放入电动搅拌杯中。
2. 柠檬榨汁，过滤后倒入搅拌杯里的无花果肉中。
3. 开启搅拌器，搅拌混合至柔滑香浓。将饮品倒入玻璃杯中享用。它可以是一款极佳的甜品、超赞的早餐或者零食，对健康益处繁多。应即时饮用，享受成熟无花果天然的甜味与柠檬调和的美味。

难度：中等

制作：**5分钟**

热量：**76千卡/份**

配方特性：

鲜无花果柠檬思慕雪是一款提升活力的饮品，适合作为孩子的零食或在康复期饮用。虽然热量低，仍能提供很强的饱腹感，推荐用于瘦身期饮食方案。

无花果 能促进消化，非常适合加入儿童的饮食中，但不建议患结肠炎的人群食用。无花果所含的黏质成分有益于抵御多种胃肠紊乱，例如吞咽障碍、胃炎、胃溃疡等。此外，它还具有利尿和通便作用。

柠檬 对冬季呼吸道疾病有着很好的抵御作用。富含维生素C和维生素A，以及多种B族维生素和膳食纤维。

2份

100克树莓
100克草莓

50毫升树莓汁

草莓树莓思慕雪配树莓汁

1. 轻柔洗净树莓，避免浸泡，然后置于厨房纸上吸干水分。
2. 草莓去蒂，放入滤篮用流动水冲洗干净。切成小块放入电动搅拌杯。
3. 加入树莓和树莓汁，开启搅拌器。搅拌混合至柔滑、质地均匀。
4. 如果你更喜欢无籽的口感，使用离心果汁机代替搅拌杯。

难度：简单

制作：**5分钟**

热量：**80千卡/份**

配方特性：

草莓树莓思慕雪配树莓汁是新陈代谢紊乱人群的理想饮品。此外，它具有排毒功效，热量低，适合瘦身饮食，还能调节情绪。

草莓 由于其海绵样的特殊质地，易于吸收杀虫剂和防腐剂。因此，只选用有机种植的草莓非常重要。

树莓 是生长在树林边缘和林中空地的树莓灌木丛中的、红色略酸的果实。富含维生素C和维生素A、柠檬酸、果糖、果胶、单宁、有机酸、鞣花酸和抗氧化多酚等。这些成分能促进并保护微循环系统。

2份

1个柠檬　　2根木牙签
100克草莓　　2根香蕉

草莓香蕉柠檬思慕雪

难度：简单
制作：**5分钟**
热量：**118千卡/份**

1. 柠檬榨汁，过滤去籽。
2. 用流动水冲洗草莓，避免浸泡。草莓去蒂，留出两粒用于点缀成品。
3. 香蕉剥皮，切小块。留出两三块浸入柠檬汁再拿出来，避免氧化褐变，用于点缀成品。
4. 将草莓和香蕉倒入电动搅拌杯，加入柠檬汁；如果想要更为解渴的思慕雪，可加入适量的冰块。
5. 搅拌至柔滑香浓的奶油状。
6. 倒入足够冷的玻璃杯中（可提前将杯子冷冻10分钟）。用牙签串起水果，置于杯边点缀。即时饮用，可作为醒神清爽的完美早餐或低脂却不失美味的甜品。

配方特性：

草莓香蕉柠檬思慕雪非常解渴且有振奋精神的作用。有利于强化身体的防御系统，可以饱腹，也能帮助调节情绪，在紧张活动后或康复期重建活力。

草莓　含维生素C和叶酸，是增强记忆和孕期的重要补品。热量低，可帮助净化身体。

香蕉　能带来很强的饱腹感，富含低胆固醇成分、矿物质、B族维生素、维生素A和维生素C。

柠檬　可能起源于印度，却是地中海地区最出名的一种柑橘类水果。它是维生素C含量最高的水果，每100克新鲜柠檬就含高达50毫克的维生素C。

2 份　500 克白蜜瓜　2 个成熟的奇异果

奇异果白蜜瓜汁思慕雪

难度：简单

制作：5分钟

热量：126千卡/份

1. 白蜜瓜洗净。切开去籽去筋去皮。切成小块，将2/3的果肉放入离心果汁机榨汁。

2. 奇异果去皮，切成小块，连同剩下的1/3白蜜瓜果肉放入电动搅拌杯。加入白蜜瓜汁，搅拌成质地均匀、柔滑香浓的混合饮品。

3. 倒入玻璃杯，即时饮用最佳，享受果汁起泡新鲜的口感和有益健康的营养。

配方特性：

奇异果白蜜瓜汁思慕雪可瘦身，有着轻微的通便作用，含有浓缩的抗氧化成分和补水成分，可抗衰老，有助于预防各种寒冷季节的炎性疾病。然而，对春季花粉过敏的人群需谨慎饮用。

奇异果　其中大量的抗氧化剂有助降低胆固醇。还有益于促进循环系统，延缓皮肤和眼部组织衰老。类似西梅和煮熟的蔬菜，成熟的奇异果也有轻微的通便作用。但如果吃了未熟透的奇异果，反而会有收敛作用。

白蜜瓜　是一种甘甜爽脆的水果，水分含量高达90%。虽然它含多种糖类，但热量极低（每100克仅含33卡路里），因此可作为瘦身饮食的重要组成部分。

1份

1个青柠
50克芒果肉
2个百香果
50毫升椰奶

芒果青柠百香果椰奶思慕雪

1. 柠檬榨汁挤入杯中。
2. 芒果去皮，切成小块，放入电动搅拌杯中。加入柠檬汁。
3. 百香果对半切开，用勺子挖出果肉，加入搅拌杯中。最后倒入椰奶。
4. 将所有原料搅拌成质地均匀的饮品。倒入玻璃杯，即时享用。
5. 有着香浓令人垂涎的口味和诱人的芳香，这款思慕雪是你开启新一天绝佳的能量源泉。

难度：简单
制作：3分钟
热量：230千卡/份

配方特性：

芒果青柠百香果椰奶思慕雪口味浓郁，充满提升能量的营养成分。对迅速恢复体力及补充水分效果显著，尤其在剧烈运动之后，解渴且镇静。它还能带来高度满足感。

百香果 甜中带酸，原产巴西，富含维生素C、钾、纤维素和β–胡萝卜素。此外，还含有大量的ω–6不饱和脂肪酸，有益心血管。它还有抗炎和抗氧化的作用。

椰奶 有柔和的通便以及催情的作用。

芒果 是低热量又能带来饱腹感的水果

青柠 有良好的抗菌作用，有助于防止龋齿，预防牙龈发炎。

2份

5个奇异果（1个装饰用）
2个有机柠檬
2个有机苹果
叶子和花（用于装饰）

苹果奇异果柠檬汁思慕雪

1. 洗净所有水果。4个奇异果去皮，切成小块。
2. 柠檬榨汁；如果喜欢柠檬皮的风味，可磨出约5克的量备用。
3. 苹果切块，连奇异果肉一起放入电动搅拌杯中。加入柠檬汁和柠檬屑，搅拌均匀至柔滑奶油状。
4. 倒入玻璃杯，加入几片奇异果，用叶子和花瓣装饰。即时饮用，享受最佳风味。
5. 非常适合作为早餐或零食，也是完美的餐前开胃饮品。

难度：简单
制作：5分钟
热量：110千卡/份

配方特性：

苹果奇异果柠檬汁思慕雪可作为一份醒神的零食，清新、低热量且富含维生素和矿物质。极其解渴，易于消化，一年中任何时候饮用俱佳。

柠檬汁 除含大量对身体有益的营养成分之外，也非常解渴，特别适合加入各种风味的思慕雪中，也是防止果蔬原料氧化的好帮手。如果你喜欢柠檬的味道，可以把它加入日常饮食中。

奇异果 富含维生素C、视黄醇、叶酸和矿物质。

苹果 85%是水分，对身体有很好的排毒作用。含有维生素、矿物质、有机酸，特别是苹果皮中所含的果胶可促进消化和肠道肌肉收缩。

2份

2个西柚
1个柿子
1个成熟的梨

雪梨秋柿西柚汁思慕雪

1. 取一个西柚榨出果汁，倒入电动搅拌杯。
2. 柿子洗净去蒂，用勺子小心挖出果肉放入搅拌杯，避免混入果皮。
3. 另一个西柚洗净，对半切开。用一把锋利的刀切出果肉（注意不要切穿果皮），做成两个西柚皮小碗备用。将果肉放入搅拌杯中。
4. 梨洗净削皮。切成小块放入搅拌杯中。
5. 启动搅拌器，将果肉搅拌成质地均匀的饮品。将思慕雪倒入西柚皮小碗中，即时享用。

难度：中等
制作：**10分钟**
热量：**125千卡/份**

配方特性：

雪梨秋柿西柚汁思慕雪特别适合年长者饮用。它有着清体和补水的作用，还为人体快速补充能量，帮助迅速恢复精力和体力。饱腹感极佳。

秋柿 能提升活力，是运动员、孩子和青少年的完美饮品，尤其在他们需要提高记忆力和学习能力时，或者为高强度体力活动做准备时。

西柚 是一种低热量的水果，大部分由水分构成。含果胶、维生素A、维生素C、维生素E和苦素，可强化胃和肺，对肝和肾有净化作用。被认为是一种可抵御退行性失调的食物。

梨 含高纤维素、低热量，且水分含量高。帮助预防骨质疏松，调节肠道运输功能。

2份

2个有机柠檬
1个成熟的梨

5粒冰块（可选）

雪梨柠檬思慕雪

1. 柠檬洗净，刨取5克的柠檬皮屑，倒入电动搅拌杯。
2. 梨削皮，切小块，放入搅拌杯。
3. 柠檬榨出汁，倒入搅拌杯与其他原料混合。
4. 这款思慕雪非常解渴，是剧烈运动后极佳的补水饮品。如果喜欢冷饮，可加入冰块并搅拌至混合均匀即可饮用。

难度：简单
制作：**10分钟**
热量：**78千卡/份**

配方特性：

雪梨柠檬思慕雪令人焕发生机，水分充足，饱腹而低热量。推荐骨质疏松或高血压人群饮用。也可帮助年长者抵抗衰老带来的不适。

梨 含果糖等单糖。可带来很高的满足感，且富含纤维素，是很好的瘦身饮食。容易消化，帮助促进肠道蠕动。所含纤维素能减缓身体对果糖的吸收，并帮助我们在繁重的工作期间保持稳定的能量和充足的水分。

柠檬 含有一种被称为“柠檬素”的物质，被成功用于辅助预防胆囊结石。根据美国的最新研究，经常食用柠檬素，可帮助预防肿瘤的形成。

2 份

2 个有机苹果
1 根香蕉
1 个有机梨

雪梨香蕉苹果汁思慕雪

1. 苹果洗净，切成小块，放入离心式果汁机，获取鲜榨果汁。如果你确定苹果的来源安全，可连皮榨汁。如果不确定是否安全，最好去皮榨汁。
2. 香蕉剥皮，切成小块，放入电动搅拌杯中。
3. 梨洗净，把中间的核和种子去掉，保留富含纤维素的果皮。
4. 将苹果汁倒入切好的香蕉块中，启动搅拌杯约20秒，或直至混合饮品柔滑香浓。
5. 将饮品倒入玻璃杯，即时享用。

难度：简单
制作：10分钟
热量：130千卡/份

配方特性：

雪梨香蕉苹果汁思慕雪口感香浓，是一款能激发身体活力的饮品，尤其适合便秘人群饮用。清体排毒、激发活力，这款思慕雪特别适合瘦身期饮用，可带来很强的饱腹感。也是骨质疏松、高血压和老龄化人群的理想饮品。

苹果　富含果胶（一种非常有益于胃肠道的纤维素），有助于降血糖。

梨　钾含量高，是高血压人群采取低钠饮食方式时的完美补充。还含硼和镁，帮助钙沉积在骨骼中，预防及减缓骨质疏松。

香蕉　含碳水化合物、大量的纤维素和矿物质，如钾和镁等，还含多种氨基酸，如对神经系统健康起重要作用的色氨酸等。

1份

100克蓝莓
10颗草莓
1个成熟多汁的梨
1个有机柠檬

蓝莓草莓雪梨思慕雪

难度：简单
制作：10分钟
热量：90千卡/份

1. 用流动水冲洗干净蓝莓和草莓，不要浸泡。放置在厨房纸上晾干。
2. 草莓去蒂，每颗一切为二或一切为四，视草莓大小而定。
3. 梨洗净，削皮，把梨举在电动搅拌杯上方，切成小块倒入杯中，不浪费一滴果汁。
4. 磨出约5克柠檬皮屑，备用。柠檬榨汁，过滤后倒在搅拌杯中的梨块上。加入蓝莓、草莓，低速搅拌至柔滑香浓。
5. 倒入玻璃杯中；加入柠檬皮屑，搅匀，即时饮用，享受这款清新饮品带来的惊喜感受！如果你喜欢更清淡的口感，可加入半杯清水稀释。

配方特性：

蓝莓草莓雪梨思慕雪含热量很低，非常解渴，适合瘦身饮食。尤其适合希望提升视力、改善微循环以及眼部不适的人群。

蓝莓 一种对眼睛有益的野生浆果。事实上，它能提升夜视能力，尤其适用于近视的人群；已被证实可抵御因年龄增长而产生的视网膜黄斑氧化反应。

梨 是梨树的果实，严格按照植物学定义应为“附果”。富含多酚类等多种抗氧化物质、维生素C和优质纤维素。有助于预防心血管疾病。

1份

2 个仙人掌果
1个有机梨（小）

难度：中等
制作：5分钟
热量：150千卡/份

配方特性：

这款仙人掌果雪梨汁帮助预防寒冷天气易得的疾病，调节肠道输送能力。尤其适合便秘人群和热爱户外运动的人群。可协助在秋冬季节瘦身。

仙人掌果雪梨汁

1. 在处理仙人掌果之前，最好戴上手套。
2. 用流动水冲洗干净仙人掌果，揉搓至少1分钟，切去两端，剖开，剥掉果皮。将果肉放入离心果汁机中榨出果汁。
3. 梨洗净，如果你对产地的食品安全有信心，可带皮榨汁。
4. 将果汁倒入高脚杯中。液体呈不透明状，含有泡沫和纤维素的部分会慢慢浮至表层。
5. 如果你喜欢澄清的果汁，可以用滤网过滤。

仙人掌果　对预防前列腺增生非常有帮助。含大量纤维素，因而有通便作用，还含有甜菜苷和梨果仙人掌黄质等抗氧化物质，能抑制胆固醇的形成。不建议有肠憩室病症的人饮用，因为其中大量的种子可能会形成无法消化的食物团块。

梨　富含纤维素、维生素C和多酚类抗氧化物质，有助于预防心血管疾病。

1份

200 克草莓
1个有机橙子
1根木签
冰块（可选）

难度：简单
制作：8分钟
热量：88千卡/份

草莓香橙汁

1. 用流动水冲洗干净草莓，避免浸泡。去蒂，留出两根配木签备用。
2. 橙子洗净，一切为二，切出一瓣留作装饰。
3. 将草莓和橙子放入离心果汁机榨汁。如果你喜欢橙皮的味道，可以带皮榨汁；否则，可先去掉橙皮。
4. 将果汁倒入玻璃杯中。用木签串起草莓和橙瓣，放入果汁中。
5. 这款饮品非常解渴，如加入几粒冰块，则是夏日的完美选择。

草莓 可洁白牙齿，消除皱纹和皮下橘皮组织的形成。含有大量类黄酮（儿茶素、槲黄素、莰非醇、花青素）、多酚、白藜芦醇、维生素C和鞣花酸等抗氧化物质。

橙 富含多种维生素，包括维生素C、B族维生素等，可快速补充流失的矿物质，尤其是钾和镁等。在寒冷季节对预防感冒非常有用。

配方特性：

草莓香橙汁是一款清新的饮品，特别适合孩子、运动员、感冒患者及在瘦身饮食期间的人群饮用。卖相非常诱人；有温和的兴奋作用。

2份

1个柠檬
1块5厘米长的姜
2个石榴
10粒冰块

石榴生姜汁

1. 柠檬榨汁，过滤。
2. 生姜去皮，切成小块。石榴洗净剖开。剔除果粒周围的白色薄膜。将果粒取出放在碗里，与生姜一起放入离心果汁机榨汁。
3. 将石榴生姜汁和柠檬汁倒入鸡尾酒摇杯中。加入冰块，混合摇晃。分倒入玻璃杯，上桌。
4. 迷人的色泽和绝妙清新的口感，这款饮品令人生津止渴。还是运动后的完美饮料，生姜和柠檬的搭配能减缓身体氧化的过程。

难度：中等
制作：15分钟
热量：70千卡/份

配方特性：

石榴生姜汁是一款提神振奋、散发浓烈香气的饮品。建议配合瘦身食谱饮用；能补充优质的抗氧化成分，积极对抗炎症和寒冷季节的疾病。

石榴 富含维生素C和类黄酮等重要抗氧化物质，强健免疫系统，对骨骼、心脏、血管和内分泌腺都有正面影响。食用可利尿，稳定情绪，改善更年期典型的情绪起伏。此外，所含的纤维素还能帮助消化。

生姜 具有显著的排毒作用，促进胆汁分泌，帮助消化。能抵御炎症，帮助缓解晕船、晕机及怀孕产生的恶心反应。

1份

1个有机粉红西柚
1个有机柠檬
4个豆蔻籽荚
1小撮肉桂粉

辛香西柚柠檬汁

1. 这款果汁的制作非常快捷简单！只要用一台柠檬榨汁器就可以了，也可使用离心果汁机，注意要完全去掉柠檬和西柚中包裹果肉的白色筋膜，并且只用很少的果皮（前提是选用有机果实），切碎。
2. 在研磨钵中碾碎豆蔻荚。洗净柠檬和西柚，一切为二。留出一片柠檬用来装饰果汁。用简易榨汁器榨取柠檬和西柚的果汁，也可使用离心果汁机。
3. 将果汁倒入玻璃杯，加入碾碎的豆蔻，点缀柠檬片，撒上肉桂粉。
4. 即时享用，以品尝令人惊艳的味道和独特的感受。

难度：简单
制作：10分钟
热量：50千卡/份

配方特性：

辛香西柚柠檬汁能带来非常棒的振奋、补水和清爽感受。这是一款能增强免疫力的饮品，可抗击与寒冷季节和脱水相关的疾病。推荐在节食期间饮用，也建议用于减缓衰老。

柠檬 抵御年龄增长带来的各种失调和毛细血管脆化。

西柚 富含维生素C，改善血管健康和血液循环。帮助预防感冒、炎症，促进细胞再生，提升免疫系统机能。还能延缓衰老，给细胞组织供氧，预防橘皮组织形成。

豆蔻 被认为是能“燃烧脂肪”的香料，因为它能促进新陈代谢。有助消化，抗炎症，强健免疫系统。

肉桂 适合康复期饮用，抗炎症，助消化。对情绪有积极的调节作用。

2份

100克醋栗
200克树莓
200克草莓
50毫升矿泉水

草莓树莓醋栗汁

难度：中等
制作：20分钟
热量：70千卡/份

1. 将草莓、树莓、醋栗分别洗净。留出少量莓果装饰成品。
2. 将醋栗从枝条上摘下，放入研磨钵（最好是大理石的）中压出汁，过滤后的果汁盛在一个容器中。
3. 再用同样的手法分别处理草莓和树莓。这个过程也许有点长，但能保证你获得格外美味的饮品。
4. 最后，将醋栗汁、树莓汁和草莓汁混合，加入一点清水稀释，倒入玻璃杯。
5. 用预留的莓果点缀，即时享用。

配方特性：

草莓树莓醋栗汁是一款有助于预防老龄疾病的饮品。富含有益循环的活性成分，能促进神经系统的健康。

草莓 含水量高达90%，还有含量可观的抗氧化成分。对瘦身饮食很有帮助，充分补水，并预防橘皮组织产生。

树莓 富含维生素（主要是维生素C和维生素A）、柠檬酸、果糖、果胶和单宁，更重要的是，它含有功能非常强大的类黄酮抗氧化剂。

红醋栗 含有大量的抗氧化成分，主要有预防退行性疾病的类黄酮。它还有辅助抗炎症和抗病毒的特性。

蔬菜汁和思慕雪

营养又美味

钦齐亚·特伦基

不甜，是本章的关键词。这一章的主角是蔬菜：苦的、辣的、散发着香气的食材都可以！蔬菜可以化为鲜美的汁液，解渴的思慕雪，以及令人食欲大增而又营养丰富的乳化果汁，有着出乎意料的细腻风味，视觉与味觉碰撞出令人惊艳的组合。

蔬菜的高含水量使它们成为理想的榨汁原料，蔬菜汁极其适合低热量饮食，每一滴的美味营养可媲美一大盘丰盛的混合蔬菜。

几乎所有蔬菜都能制作果汁：深绿微苦的菊苣萃取精华可加入豆芽来缓和其苦味；其他优质的原料包括菠菜、西蓝花、甜茴香、胡萝卜、块根芹等，不一尽数。

你会惊讶于蔬菜在榨汁过程中展现出来的色彩：甜菜浓艳的红色，胡萝卜充满能量的橙色，紫甘蓝的深紫，彩椒鲜明的红黄绿；当然还有深浅不一的绿色，从芹菜的清淡到西蓝花的浓酽。轻软的泡沫和微不可见的悬浮颗粒，优美而健康，让蔬菜汁更加丰盈美好。有时，可加入柑橘类的果汁，更像是加入一种调味品，而非真正的原料：其实只要几滴柠檬汁、青柠汁或橙汁，就足够减轻刚开始尝试喝蔬菜汁时那种不太容易适应的强烈口味。而说到乳化蔬菜汁，添加几滴油脂就能让我们品尝到更加柔滑且轻盈的细腻口感：番茄、黄瓜和块根芹的乳化饮品就是如此。当然还可以加入散发着迷人香气的香草和香料，为简单而美味的蔬菜汁增添芬芳、风味和特别的动人之处。

必不可少的抗氧化剂

毛里齐奥·库萨尼

果蔬是维生素、矿物质和纤维成分不可替代的来源，可以说是奠定我们健康基础的真正主角之一。果蔬的颜色揭示着它所含的活性成分。例如，那些橙黄色的蔬菜（如胡萝卜和南瓜）富含维生素A和胡萝卜素；绿色的蔬菜（如菠菜和生菜）则富含叶黄素和叶酸；红色的蔬菜（如番茄和彩椒）则富含番茄红素和抗氧化剂。这就是为什么选择吃多种颜色的蔬菜是预防疾病的正确方式之一。此外，多彩的颜色还能带来愉悦的视觉享受，犒飨我们的神经系统。

以蔬菜为主的饮料含热量低，饱腹感强，还含有极为可观的抗氧化剂——那是对保持身体年轻至关重要的成分。因此，蔬菜汁思慕雪和果汁精华对瘦身和保持年轻活力非常有益。然而，蔬菜汁并不能像果汁那样迅速地补充能量，且蔬菜汁对我们身体器官的影响也更有选择性。

例如，苦味的香草和其他野生的绿叶植物，如蒲公英，对肝脏非常有益；而甜菜、胡萝卜、芹菜与牛至、薄荷等香草混合，也有类似效果；十字花科的蔬菜（如紫甘蓝、西蓝花）公认含有抗氧化物质，尤其在生吃的情况下，具有辅助抗衰老、抗肿瘤的特性，帮助预防退行性疾病。

此外，蔬菜中的纤维素能减缓胃肠道对糖类的吸收，有益胰腺健康，不会引起胰岛素突然的大量分泌。所以，糖尿病人群更应该选择用蔬菜制成的思慕雪，而非水果思慕雪。

1份

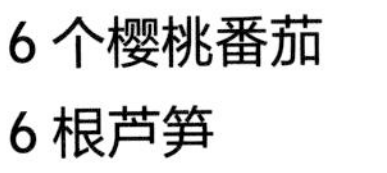

6 个樱桃番茄
6 根芦笋
100 毫升蔬菜高汤
5 毫升特级初榨橄榄油
盐和胡椒

芦笋番茄思慕雪

1. 番茄洗净。切成小块放入电动搅拌杯中，加入2.5毫升橄榄油，按个人喜好添加盐、胡椒和30毫升的蔬菜高汤。
2. 搅拌至柔滑细腻。倒入玻璃杯，并洗净搅拌杯。
3. 芦笋洗净，去除木质化的硬的部分，切碎。放入搅拌杯中，倒入室温的蔬菜高汤和剩下的橄榄油，按个人口味加入一小撮盐和胡椒。
4. 将芦笋思慕雪倒在番茄果泥上，即时享用。这款清淡而美味的饮品可以作为很棒的头盘开胃菜。

难度：简单
制作：**10分钟**
热量：**120千卡/份**

配方特性：

芦笋番茄思慕雪具有很强的利尿清体、抗炎瘦身的特性。含有能减轻动脉压力的高硫成分，可改善心脏功能。

番茄 所含的番茄红素使其成为对抗水肿的有效助力，也有助于保持正常的肤色。

芦笋 与蒜和芦荟属于同科植物：含有很多硫化成分，有辅助抗炎症、降血压、强心、祛痰、抗寄生虫以及抗糖尿病的作用。它含皂角苷、多酚和钾，使这种植物具有高利尿性。因此，传统上被用于清洁肾脏、细支气管和肝脏。它的高含水量确保了食用能带来很强的饱腹感，热量又很低，使其很适合瘦身饮食。

2份

200克西芹
2根胡萝卜
2个橙子
盐和胡椒

胡萝卜西芹鲜橙思慕雪

难度：简单
制作：10分钟
热量：140千卡/份

1. 西芹洗净，去除有损伤的部分。切成小块，放入离心果汁机，榨汁。
2. 胡萝卜洗净。削皮，切成小块放入搅拌机。
3. 橙子一切两半，榨汁。如果你喜欢橙皮的味道，且橙子是有机种植的，可以将小块的橙皮放入电动搅拌杯或离心果汁机中与其他原料一起榨汁。
4. 由于橙皮的味道非常浓烈，有可能盖过其他原料，我们建议只加入少量，除非你习惯橙皮的味道。
5. 将胡萝卜汁、橙汁和西芹汁混合。搅拌，按口味加入盐和胡椒调味，尽快享用这份促进精力恢复、富含多种维生素的混合饮料。

配方特性：

胡萝卜西芹鲜橙思慕雪是一款具有净化血管功能的饮品，抗炎症，低热量，富含抗氧化物质，能抵抗自由基和那些导致退化组织和老龄疾病的物质。

西芹 具有清体、利尿作用，含天冬氨酸，是一种天然的兴奋剂。

橙子 富含维生素C，有清体抗炎症的作用。是抗氧化物质的优质来源，强化免疫系统，调节新陈代谢，对抗氧化自由基引起的细胞老化。此外，还有利尿性，有效预防橘皮组织的形成。

胡萝卜 改善夜间视力，富含维生素A和B族维生素、矿物质和纤维素。所含的糖分易于消化。

2 份

2 根黄瓜
4 根小葱
1 份混合香草：野茴香、牛至、鼠尾草和琉璃苣
2 个青柠
5 毫升特级初榨橄榄油
盐和胡椒
可食用鲜花（用于装饰）

黄瓜青柠小葱香草思慕雪

难度：简单
制作：8分钟
热量：90千卡/份

1. 洗净黄瓜、小葱和香草。黄瓜削去一半的皮，切去顶端部分，切成小块（这可以让含水少的原料更容易搅拌）。
2. 去除小葱最外层葱皮，切去根部和深绿色的叶子，切成小段，与黄瓜混合。加入一片鼠尾草、一撮野茴香和牛至、2片玻璃苣，将所有原料倒入电动搅拌杯。
3. 青柠取汁，并过滤。将青柠汁、适量盐和胡椒加入搅拌杯，搅拌至柔滑香浓。
4. 分装进两个玻璃杯，用剩下的香草和鲜花点缀，即时享用。
5. 这份思慕雪非常适合作为冷食头盘，是在炎热的季节饮用低热量、有益健康的最佳美味之选。

配方特性：

黄瓜青柠小葱香草思慕雪是一款健康饮品，适合瘦身排毒的饮食计划，热量低，饱腹感强。含有大量的抗氧化成分，对于预防老龄疾病有很大帮助。

黄瓜　起源于印度北部，至今已在欧洲南部培育种植了上千年。是理想的低热量饮食选择，因为它富含酒石酸，可以阻止糖转化成脂肪，同时，又能带来较强的饱腹感。

小葱　与洋葱相似，有着美味且散发香气的球茎，富含矿物质和维生素。

青柠　含有可缓解风湿和自身免疫性疾病的物质。

香草　（百里香、牛至、鼠尾草等）富含抗氧化成分和类黄酮。

2份

1根芹菜芯
2根胡萝卜
8片紫色鼠尾草
50克煮熟的玉米粒
盐和胡椒

玉米胡萝卜西芹思慕雪

1. 芹菜心洗净，切成小段。
2. 胡萝卜去头尾。削皮，切小块加入芹菜中。
3. 洗净鼠尾草，晾干备用。
4. 将胡萝卜块和芹菜小段放入离心果汁机中。将榨出的蔬菜汁倒入电动搅拌杯中。
5. 加入熟玉米粒，搅拌至柔滑细腻，得到均匀的混合蔬菜浆。
6. 按个人口味加入盐和胡椒调味，用鼠尾草叶点缀，即时呈上。
7. 这款思慕雪是极为令人愉悦和享受的饮品，可作为头盘或零食的完美选择，饱腹感强。

难度：简单
制作：10分钟
热量：140千卡/份

配方特性：

玉米胡萝卜西芹思慕雪含有益的活性微生物，有益于消化系统，且低热量利于瘦身。它有净化身体的作用，尤其是肝脏和肾脏。因此，这是一款很好的排毒、利尿、解充血饮品。

玉米 是禾本科的一种谷物。除了含不饱和脂肪和矿物质（钾、镁、硒、锌和铜），玉米还含有维生素A、维生素E和B族维生素，以及大量的氨基酸、纤维素，还有最主要的占谷粒80%~85%的淀粉。

胡萝卜汁 是稳定胃肠道菌群的佳品，是肠胃感冒发作时或服用抗生素后理想的饮品。

西芹 对身体有净化和利尿的作用。

2 份

2 个彩椒
100 克樱桃番茄
1 根小葱
2 个青柠
5 粒冰块
盐和胡椒

难度：中等
制作：10分钟
热量：53千卡/份

彩椒小葱青柠思慕雪

1. 彩椒洗净。去蒂、去籽，去除内瓤的白色部分，切成小块。樱桃番茄洗净，去蒂，一切为二或一切为四，依番茄的大小而定。

2. 小葱洗净。去掉外层和深绿色的部分以及根部。切成小段，留出少量最后增添风味和点缀。

3. 青柠用榨汁器取汁。将青柠汁倒入电动搅拌杯中，加入小葱段、樱桃番茄、彩椒块和冰块。搅拌所有原料至柔滑均匀的状态。

4. 加入盐和胡椒调味，分倒入两只玻璃杯中，点缀葱花，即时呈上。这款思慕雪是炎热时节的完美选择，清爽、开胃，可作为一杯美妙的餐前酒。

配方特性：

彩椒小葱青柠思慕雪适合所有瘦身疗法。它所含的食材能燃烧脂肪，且有清体和抗氧化特质。这是一款对于恢复能量非常好的饮料，主要适合成年人和长者。

青柠 含有大量的柠檬酸，可溶解脂肪、帮助瘦身。

小葱 可祛痰利尿。能激活消化系统，帮助降低血糖。

彩椒 富含类胡萝卜素和抗氧化成分。

番茄橄榄小葱续随子思慕雪

1. 番茄洗净去皮。去籽，切成小块，放入电动搅拌杯。
2. 小葱洗净，去掉外皮，切去根部和深绿色的叶子（留出两片叶子作装饰），然后切成小段。
3. 将小葱、2~3颗橄榄、4粒续随子（无须过水清洗）和橄榄油放入搅拌杯中，搅拌成柔滑细腻的乳霜状。
4. 将混合好的思慕雪倒入玻璃杯中，用小葱叶点缀，与剩下的橄榄和续随子一同呈上。

番茄 能大大促进新陈代谢，还能对抗妊娠纹。

续随子 是绝妙的营养来源，包括蛋白质，维生素A、维生素E和维生素K、B族维生素，以及铁、铜、锰、镁等矿物质。

橄榄 富含油酸，能保护循环系统。含脂溶性维生素和植物醇，有抗氧化、抗衰老的特质。

小葱 含矿物质和维生素C，有重要的营养价值。

2 份

3 个番茄
2 根小葱
10 颗橄榄
10 粒盐渍续随子
5 毫升特级初榨橄榄油

难度：简单
制作：10分钟
热量：110千卡/份

配方特性：

番茄橄榄小葱续随子思慕雪味道很好，且热量低。富含多种营养成分：不饱和脂肪酸，维生素和矿物质。能促进消化。

2份

300克熟透的樱桃番茄
1把鼠尾草、罗勒和新鲜牛至叶
30毫升特级初榨橄榄油
30毫升柠檬汁
盐和胡椒

番茄鲜牛至思慕雪

1. 番茄洗净，根据大小切成两瓣或四瓣，放入搅拌杯。
2. 香草洗净。留出少量作装饰用，其他放进搅拌杯。
3. 加入橄榄油、2簇牛至叶尖、柠檬汁，并按个人口味撒上盐和胡椒。
4. 可以用台式或手持搅拌器制作这份乳化饮料。
5. 搅拌混合所有原料至细腻、起泡且柔滑。
6. 倒入玻璃杯，并用剩下的香草点缀，使其看起来更令人愉悦，且尝起来更享受。
7. 浓郁的风味和口感令人食欲大振，可作为夏季极佳的开胃菜或是可口小食。

难度：简单

制作：**8分钟**

热量：**115千卡/份**

配方特性：

番茄鲜牛至思慕雪是一款抗衰老的饮料，富含抗氧化成分。适合瘦身饮食，且能辅助预防橘皮组织形成和循环系统疾病。还有辅助抗菌作用。

番茄 是很重要的抗氧化成分来源，因为它含有维生素A和维生素E，番茄红素和β–胡萝卜素。所有这些成分都因其辅助抗肿瘤和抗退行性疾病的作用而为大众所知。对心脏和循环系统有利，可保护视力。煮熟后的番茄比生吃更有效用。

牛至 是一种芬芳的香草，富含酚类抗氧化物、维生素和铁、钾、钙和锰等矿物质。对于呼吸系统有不错的辅助抗炎、防腐、抗菌的作用。所含维生素中最主要的是维生素C。

2份

1根芹菜心
2个中等大小的成熟番茄
200克削净的块根芹
15毫升特级初榨橄榄油
50毫升番茄汁

块根芹番茄思慕雪

难度：简单
制作：10分钟
热量：50千卡/份

1. 芹菜心洗净。留出少量叶片作装饰用，剩下的切成小块。
2. 番茄洗净。去蒂，可按喜好去籽去皮。
3. 将块根芹切成小块，放入搅拌杯，同时加入橄榄油、芹菜段、番茄汁和切碎的番茄。
4. 搅拌成柔滑细腻的乳霜状。按个人口味调味，搅匀，倒入杯子或高脚杯中。用芹菜叶点缀，即时享用。

配方特性：

块根芹番茄思慕雪是一款瘦身、清排、净化且低热量的饮品，富含辅助抗肿瘤和抗衰退的成分。帮助对抗循环和血管疾病。

番茄 由90%的水和碳水化合物组成，几乎不含脂肪。还含约2%纤维素、约1%蛋白质。含葡萄糖和果糖，其中含量最丰富的酸类是柠檬酸（约占总酸的90%）和苹果酸。

块根芹 一种热量极低的蔬菜。它的味道比芹菜淡一些，使它适合作为配方中的主要食材，而不仅仅是增添风味的角色。

2份

300克烤过的甜菜根

200克块根芹

2个柠檬

甜菜根块根芹柠檬汁

1. 去掉甜菜根的外皮部分，切成小块。
2. 块根芹切成小块放入离心果汁机。
3. 柠檬榨汁，过滤。
4. 先后用离心果汁机榨取块根芹和甜菜根的汁液。与柠檬汁混合，搅匀，倒入玻璃杯。
5. 这是一份出色的餐前开胃饮品，有着引人注目的颜色和令人愉悦的口味，更重要的是，因为它能帮助消除脂肪，是非常棒的瘦身助力。

难度：简单

制作：**10分钟**

热量：**60千卡/份**

配方特性：

甜菜根块根芹柠檬汁不但能瘦身，还有很强的补充能量的作用，富含能帮助重建心理平衡的成分。这款饮品能带来很强的饱腹感，且含有很多保护肌体的成分。

甜菜根 是一种低热量蔬菜，含有均衡的蛋白质、纤维素和糖类。富含钾，维生素A和维生素C。由于它所含的硝酸盐可以优化氧气的消耗，减轻身体疲劳，提升运动员的表现，它的萃取物能提高耐力。

柠檬 使牙齿、牙龈和血管保持健康，促进伤口愈合。

块根芹 含钾、钙、磷酸盐、镁、硒，纤维素以及维生素A、维生素C和维生素K。

1份

200 克西蓝花
50 克黄豆芽
5 毫升苹果醋
盐和胡椒（可选）

西蓝花豆芽汁

难度：简单
制作：10分钟
热量：70千卡/份

1. 西蓝花洗净。用水浸泡几分钟，然后沥干，切成小块。
2. 豆芽摘净。冲洗后放滤篮里沥干。
3. 将西蓝花和2/3的豆芽放入离心果汁机中，榨汁取用。用醋调味，按个人口味加入盐和胡椒。
4. 将饮品倒入高脚杯或普通玻璃杯中。将剩下的豆芽放在上面点缀，即可享用这款健康的饮料。
5. 也可作为汤、沙拉或凉拌蔬菜的酱汁。

配方特性：

西蓝花豆芽汁不仅能瘦身排毒，还含有丰富的抗氧化物质，帮助预防衰老、血管疾病和癌症。这款饮品非常适合成年人和老年人。

西蓝花 与所有十字花科的蔬菜类似，具有辅助抗肿瘤的特性；由于叶黄素含量很高，可帮助保持视力，生食效果更佳。低热量，高纤维素，是瘦身饮食和恢复期饮食的良好补充。

豆芽 无论生吃或熟吃，都有益身体。利尿，降胆固醇，清洁动脉管。因此，推荐需要严格遵循特殊饮食计划的人群食用。生豆芽含极低热量，是瘦身饮食的理想补充。

2份

1个西柚
4根胡萝卜
5毫升特级初榨橄榄油
5克混合香料：黑胡椒、红胡椒、小茴香、干香草等
盐

调味胡萝卜西柚汁

1. 西柚洗净，一切为二，榨汁并过滤。
2. 胡萝卜洗净，去皮。切成适当大小，用粉碎搅拌机或离心果汁机榨汁。
3. 将榨出的果汁与西柚汁混合。
4. 用橄榄油、香草和现碾碎的香料调味。
5. 按个人口味加入盐，混合均匀，倒入玻璃杯，即时享用。
6. 推荐喜欢口感清晰有层次，且愿意尝试新奇风味的人饮用这款饮品。它特别解渴，口味丰富，适合作为开胃冷盘。

难度：简单
制作：8分钟
热量：144千卡/份

配方特性：

这款调味胡萝卜西柚汁是帮助恢复能量的健康饮品，适合瘦身饮食，可帮助身体对抗年龄相关的退行性疾病，对循环系统有好处。

西柚 含果胶和维生素A、维生素C和维生素E。普遍认为西柚具有抗退行性疾病的正面作用。

胡萝卜 其根可食用，含易吸收的糖类、多种矿物质和纤维素。

香料 （胡椒、姜、肉桂、肉豆蔻等）促进新陈代谢，热量低、易消化。

特级初榨橄榄油 富含有促进循环的抗氧化物质，降低体内胆固醇水平。

1份　　300 克紫甘蓝　　1棵甜茴香

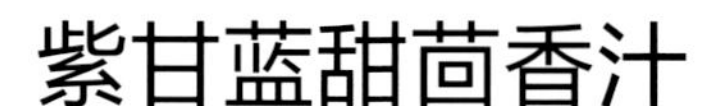

紫甘蓝甜茴香汁

难度：简单

制作：10分钟

热量：45千卡/份

1. 摘净紫甘蓝和甜茴香。洗好，切成小块。
2. 将紫甘蓝和甜茴香一同榨汁；甜茴香含水量丰富，能帮助榨取紫甘蓝叶子的汁液。
3. 将榨出的菜汁倒入玻璃杯，搅拌，即时饮用，享受这份饮品的最佳益处。
4. 紫甘蓝有着深浓的色彩，如果你更喜欢浅一点的颜色，可以加入矿泉水或冰块稀释。这款饮品效用良多，是健康的好伙伴。

配方特性：

紫甘蓝甜茴香汁在食品营养领域被用作辅助预防因自由基氧化引起的退行性疾病，特别针对女性。也是完美的瘦身饮食补充。

紫甘蓝　是辅助治疗溃疡性结肠炎和胃溃疡的理想食物。它含有吲哚、莱菔子硫（一种硫化物，是不好闻的甘蓝味特征成分）和其他抗氧化剂，有助于预防老龄引起的退行性疾病。

甜茴香　含丰富的维生素（主要是维生素A），矿物质（钾、钙、磷）以及有益运动的成分。能调节肠道蠕动，还被用于缓解便秘和胃胀气。

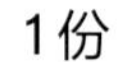

1份

1棵任意品种的菊苣菜（芽球菊苣、比利时菊苣）
5毫升苹果醋
100克黄豆或其他种子的芽菜
盐

菊苣芽菜汁

1. 仔细洗净菜叶，不用去芯去根，切成小块。
2. 摘净芽菜。清洗、沥干，留出少量作装饰用。将剩余的芽菜先放入榨汁机。再加入菊苣菜叶，榨汁。
3. 这款蔬菜汁有着特别的颜色和清新的味道，唤起春天的感觉。
4. 如果你用的菊苣非常苦，加入适量苹果醋可以令饮品的口感更柔和，再加一点盐更美味。
5. 即时享用这款饮品。这个配方益处良多：快速补充矿物质、解渴，甚至可以给身体来一次温和的排毒！

难度：简单
制作：10分钟
热量：40千卡/份

配方特性：

菊苣芽菜汁可用黄豆芽、水芹芽或甜茴香芽来制作。热量低，有瘦身作用。含有丰富的抗氧化成分，具有出色的清体特性，保护排毒器官。

菊苣 是一种草本植物，含纤维素、钾、钙、铁，大量维生素C、维生素P、维生素K和B族维生素。菊苣酸的含量很高，因此带有苦味，有清体、利尿、促消化的作用，保护肾脏和肝脏。因此，菊苣可帮助治疗轻度的腹胀、便秘、肠道过敏和糖尿病。它含有咖啡酸的衍生物，所以并不适合胃溃疡或消化道溃疡的患者，以及正在服用针对心脏问题和高血压的β-受体阻滞剂药物的人群。

芽菜 （黄豆、甜茴香或水芹）富含维生素和抗氧化成分。

1份

2 根甜茴香
5 粒杏仁

4 粒去盐续随子

杏仁续随子甜茴香汁

难度：简单
制作：10分钟
热量：50千卡/份

1. 甜茴香洗净。去除顶端枝叶，只留块茎，并切成小块。
2. 用研磨钵将杏仁细细碾碎；切碎续随子。
3. 甜茴香用离心果汁机榨汁。将杏仁碎和续随子碎放入甜茴香汁中。
4. 搅匀，倒入玻璃杯中，即时享用。
5. 这款蔬菜汁浓缩了清新的风味，推荐在“肠道偷懒”的时候饮用。它的口感极其平衡，有着令人愉悦的风味，杏仁的甜味与甜茴香的香气、续随子的地中海风情完美地调和在一起。

配方特性：

续随子杏仁甜茴香汁是一款低热量饮品，有着温和的利尿和兴奋作用。适合所有年龄段的人群饮用，含丰富的抗氧化成分，可抵御自由基，有效帮助在剧烈运动后恢复体力。

续随子 常用盐渍，最好能在水中反复浸泡再挤干来去除盐分，特别是高血压或心血管病患者。它能刺激食欲，帮助消化且利尿。

杏仁 是一种油脂含量高的坚果，其中高浓度的不饱和脂肪酸可帮助调节肠道内腔，控制胆固醇。热量高（每100克542千卡），能带来很强的饱腹感。

甜茴香 促进消化，帮助清理身体，减少杏仁可能贡献的过多热量。

2份

1根甜茴香
200克皱叶甘蓝心
1根芹菜心

甜茴香甘蓝西芹汁

难度：简单
制作：10分钟
热量：40千卡/份

1. 清理所有蔬菜，洗净，留出少量芹菜叶，其余蔬菜切成小块。
2. 榨取蔬菜汁，搅拌，倒入玻璃杯中。用剩下的芹菜叶点缀。
3. 在这款蔬菜汁中，突出的甘蓝味被清淡而芬芳的甜茴香调节成更细腻的口味，将甘蓝这一对我们的健康极为重要却不那么好吃的蔬菜变成了一种令人愉悦的解渴佳品。

配方特性：

甜茴香甘蓝西芹汁除了热量低可瘦身之外，还可帮助预防老龄化引起的退行性疾病、心血管疾病和感知疾病（皮肤、视力、听力等），是一款清体排毒的饮品。

甜茴香 是地中海地区常见的草本植物。它独特的芳香来自于含有高浓度的茴香脑。这也是一种富含纤维素的蔬菜。

甘蓝 是典型的冬季蔬菜。能吃的部分包括绿叶和花序（如西蓝花）。甘蓝在各种饮食方式中很受欢迎，它含有植物蛋白质且热量低，同时还含有高浓度的维生素C（是同等重量橙子中含量的两倍），维生素A、维生素K和B族维生素，矿物质如钾、铜、铁、钙和磷等。

西芹 长久以来被用作催情剂。

1份

200克新鲜菠菜
2个柠檬

5克芝麻
盐和胡椒（可选）

芝麻菠菜柠檬汁

难度：中等
制作：10分钟
热量：113千卡/份

1. 清理菠菜，用冷水浸泡，洗去叶子上的泥土。冲洗干净，不用挤去叶片上的水，因为残留的水并不会影响饮品的风味。
2. 柠檬去皮，去掉白色的筋膜部分，切成小块。
3. 芝麻放在不粘烤盘上稍烤几秒钟，让其中的脂肪更容易吸收。
4. 用离心果汁机首先榨菠菜汁，再榨柠檬汁，得到两种不同颜色组成的果蔬汁。撒上芝麻调味并享用。
5. 在这款果汁中加入一小撮盐和现磨胡椒也非常美味。

配方特性：

芝麻菠菜柠檬汁富含令免疫系统保持高效工作的成分，可帮助预防退行性疾病和血管类疾病。能带来较强的饱腹感，热量低，促进减脂瘦身。

菠菜　含草酸，容易形成肾结石，并降低维生素C的聚集。因此，与几滴柠檬汁一同食用很重要。菠菜含有维生素A、叶酸（促进血红细胞生成）以及一定量的矿物质。通常认为菠菜含铁量极高，其实不然。它有通便、强心、振奋的作用。

柠檬　能中和硝酸盐等有毒的化学成分，促进消化。

芝麻　可在运动后或病愈恢复期间促进免疫系统功能。

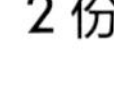

2 份

3 个西葫芦
1 根芹菜心

2 个有机柠檬
6 小簇薄荷叶
盐和胡椒（可选）

薄荷西葫芦芹菜柠檬汁

1. 西葫芦洗净，切去两端，切成小块。薄荷洗净备用。
2. 清理芹菜，摘去有损伤的部分。去掉两头，切成小块，跟西葫芦放在一起。芹菜叶带有强烈的香气，容易盖过其他食材的味道。因此，注意适量取用。
3. 柠檬洗净，去掉大部分果皮，切成小块。
4. 先榨比较硬的食材，再榨较软的。这里先从芹菜开始，然后西葫芦，最后柠檬。
5. 每样食材分别榨汁，可以得到非常赏心悦目的颜色和泡沫效果！
6. 饮用前，根据个人口味调味，并用薄荷叶点缀。

难度：简单
制作：7分钟
热量：44千卡/份

配方特性：

薄荷西葫芦芹菜柠檬汁是一款适合帮助预防老龄化退行性疾病的混合果蔬汁，特别是视力衰退和老年黄斑病变。含有一系列强抗氧化成分，对抗身体组织中的自由基。

柠檬 促进肠道吸收铁质，还能帮助伤口愈合。

芹菜 除助消化且对抗肠道胀气，还具有很好的消炎作用。

西葫芦 很容易消化的蔬菜，热量低，富含水分（约94%的重量来自于水）、矿物质（钾、铁、钙和磷）、维生素（A、C、B_1和B_2）以及生物黄酮。

薄荷 一种易消化的、散发着香气的草本植物。含有钙、钾、铜、锰等矿物质成分，还包括维生素A、维生素C、维生素D和B族维生素等，以及大量的氨基酸。

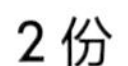

2 份

1 根黄瓜
2 个小彩椒（红黄各一）
5 毫升醋
1 个新鲜辣椒
5 毫升特级初榨橄榄油
盐

彩椒黄瓜辣椒汁

1. 清洗所有蔬菜。去掉黄瓜两端，彩椒辣椒去蒂。
2. 黄瓜切成小块备用。
3. 彩椒切成块，去掉白色筋膜部分和籽。
4. 辣椒切成圈状。
5. 将食材分别加入离心果汁机榨汁，获得色彩渐变的果蔬汁。
6. 这款饮品非常清新解渴。炎热天气饮用绝佳，也可以用作沙拉的酱汁。

难度：简单
制作：10分钟
热量：75千卡/份

配方特性：

彩椒黄瓜辣椒汁可有效帮助瘦身，因为它热量低却能带来饱腹感，辣椒的辣味可加快新陈代谢和能量消耗。尤其适合温暖或十分潮湿的气候。

黄瓜 富含水分，因此利尿且排毒。含钙、钾、磷等矿物质，还含有维生素A、维生素C、B族维生素等。对肾脏很好，且有缓解便秘的效用。然而，并不是每个人都能消化它。

彩椒 含有很多水分，充足的纤维素和大量的维生素C（比卷心菜或菠菜更多）。所有辣椒类的蔬菜含很丰富的胡萝卜素和抗氧化成分。

辣椒 含抗氧化成分黄酮，大量的维生素C和辣椒素（一种在预防前列腺癌中扮演重要角色的成分，也是肠道抗发酵剂）。

果蔬混合汁和思慕雪

营养均衡的完美组合

钦齐亚・特伦基

把蔬菜和水果混合榨汁不再是禁忌。今天，不难见到某些非常大胆的果蔬组合，最后调制出来的成品很令人欣慰，创造出新的、有趣的口味。关键是要保持平衡，调和口感，中和不同食材或甜或酸或苦的味道。在本章中，你会找到很多美味零食的制作灵感，在节食瘦身期间抚平阵阵饥饿感。

本章有很多制作果蔬汁和思慕雪的建议，配方令人愉悦且解渴，充满有趣的特性，有机调和在一起，制作简易快捷。彩椒、柠檬和苹果；甜茴香和梨；牛油果、西芹和青柠……只是想象一下都觉得美味诱人吧？的确是的，这些组合不但味道好，还特别清新，可以作为健康的零食、开胃菜或者夏日午餐中的一道原创菜肴。果蔬汁或思慕雪所承载的特质非常丰富……首先是色彩，鲜榨过程并不会人为改变饮品的颜色，却会展现出一种似乎被升华了的绚丽；使用不同食材时，你可以尝试分别榨汁，创造出不同的渐变色彩，每次都会有新的发现。其次是口感，思慕雪的质地均匀，果蔬汁则有绵密的泡沫覆于液体之上，随意撒上香料、种子或香草添加更有层次的味觉享受。饮用前，可以轻轻搅拌，获得完美融和的饮料。葡萄和生菜、洋蓟和蒲公英、柳橙和块根芹或白萝卜，这些搭配能让你一次吃掉大量不同种类的蔬菜，轻松便捷地获得多重营养。

一点建议：对于个人不喜欢的口味，最好循序渐进地添加，用香料、盐和柠檬汁调味，使其口味更易于适应。

排毒与清体

毛里齐奥·库萨尼

混合果蔬饮品是一种优雅而均衡的饮食解决方案，能迅速地补充能量，又不至于给消化系统增加太大的负担。可应用在不同饮食方案中，更好地提升我们的健康。果汁节食法在盎格鲁萨克逊国家中很流行，被认为可以排出身体毒素，通过3～9天的短期标准化方案，可成功达到减轻体重或在重要仪式活动前改善肌肤状况等目标。甚至还可以度身定制方案，充分应用思慕雪和果蔬汁（混合黄瓜、菠萝、柠檬和辣椒等），帮助解决如消除橘皮组织等特定的身体问题。

另一种应用是在医疗观察下的短期禁食，在1～3天的时间里，为达到清体排毒或提升美感的目的，只间隔性饮用混合思慕雪，以便在特别重要的场合到来之前迅速减轻体重。在这种情况下，会用到苹果、菠菜、梨、甘蓝、绿叶菜以及姜或辣椒等食材。还有一种有趣的方式是安排在某一天中只饮用果蔬汁、思慕雪或浓缩果汁精华，不进食别的食物，让消化器官休息，从而净化身体，每隔几天做一次。

在早晨需要激发能量时，避免饮用茶、咖啡等含兴奋性物质的提神饮料，而是选择绿色蔬菜搭配葡萄、柑橘类水果一同食用，有助提高血氧含量，激活大脑。在需要配合瘦身饮食、帮助安抚食欲时，选择含苹果、梨、西芹、甜茴香及香料的混合思慕雪和果蔬汁非常理想。最后，当一天工作结束后需要补充能量或放松时，菠菜、西蓝花、西芹、胡萝卜、柑橘类和野莓浆果会带给你绝佳的感受。

2份

1根芹菜心
1个牛油果
1个青柠
盐
5克芹菜籽
胡椒（可选）

青柠牛油果酱配芹菜籽

1. 芹菜洗净晾干。
2. 牛油果去皮，去核，将果肉切成小块，放入电动搅拌杯中。
3. 青柠切半，留出一片用作点缀，其他榨汁。将果汁倒在牛油果块上。
4. 如喜欢可加入一小撮盐和胡椒，搅拌均匀。
5. 将搅拌好的乳霜倒入碗中。用青柠片和芹菜籽装饰。与芹菜秆一起上碟，即刻享用。
6. 这款配方非常适合作为清淡且美味的餐前开胃饮品。

难度：简单
制作：7分钟
热量：160千卡/份

配方特性：

青柠牛油果酱配芹菜籽热量低，抗氧化物质含量高。适合各个年龄人群，口味宜人。格外有益于患有心血管疾病的人群。具有很强的饱腹感。

牛油果 含有多种不饱和脂肪酸，如ω-3，有抗氧化功能，帮助预防肿瘤（特别是口腔里的）和血管疾病。这种水果的成分可增加高密度脂蛋白（HDL），减少低密度脂蛋白（LDL）。

青柠 有效降低血液中的胆固醇。事实上，研究发现，肝脏分泌的载脂蛋白水平在高胆固醇情况下也典型居高，但随餐食用青柠后，载脂蛋白水平大幅下降。

西芹 利尿、瘦身，对抗水肿，有助于减少橘皮组织。

1份

1/2 个西柚
100 克木瓜
100 克牛油果

木瓜牛油果西柚思慕雪

难度：简单
制作：5分钟
热量：243千卡/份

1. 木瓜和牛油果去籽去皮，切成小块。
2. 西柚榨汁，倒入电动搅拌杯中。加入木瓜块和牛油果块，搅拌混合至柔滑均匀。
3. 倒入玻璃杯中即时饮用。
4. 这份高营养高能量的饮品，是运动前的完美饮料，也可作为忙碌早上的快速早餐。

配方特性：

木瓜牛油果西柚思慕雪富含抗氧化成分及帮助血管，尤其是毛细血管保持弹性的成分，有助减缓动脉及感官（视力、听力等）的老化。

木瓜 含维生素E等重要抗氧化物质，以及铁、磷、钙等人体必须的矿物质。还含有丰富的木瓜蛋白酶（一种对消化系统有着重大意义的消化酶）；且含有丰富的类黄酮，调节血管通透性，对微循环十分有益。

西柚 能抗菌、止渴，建议患有耳部感染时食用，对由于频繁出入室内冷气与户外炎热而引起的咽喉肿痛也有帮助。

牛油果 含有大量的维生素A和维生素E、叶黄素和谷胱甘肽，均是预防身体组织老化的优质抗氧化成分。

2 份

300 克葡萄
1个橙子

1棵甜茴香

香橙葡萄甜茴香思慕雪

难度：简单
制作：10~15分钟
热量：115千卡/份

1. 葡萄洗净。将果粒摘下，如果喜欢更柔滑的口感，可切开去籽。
2. 橙子去皮，去掉白色的筋膜部分，分开橙瓣。
3. 甜茴香洗净，切成小块，与橙瓣一同榨汁。
4. 将果蔬汁倒入电动搅拌杯，加入葡萄。搅拌至柔滑蓬松。
5. 分装入玻璃杯中，即时饮用。

配方特性：

香橙葡萄甜茴香思慕雪是夏秋季时令饮品，含有非常丰富的抗氧化和激活成分。推荐用于剧烈运动后加快恢复，十分解渴，可促进瘦身，且散发着令人愉悦的香气。

橙子 以预防伤风感冒而闻名。也建议有心脏问题和高血压的人群食用；重要的是，所有柑橘类水果含橘皮苷，可保持毛细血管的弹性。

甜茴香 是一种富含维生素和矿物质的草本植物（主要含有维生素A以及钾、钙、磷等），对运动员和消化系统非常重要。

葡萄 含大量的B族维生素，特别是维生素B_1、维生素B_2和维生素PP，以及维生素A和维生素C。有着再生效力，帮助保持健康，并让消化系统正常工作。

2份

2个有机橙子
1个柠檬
300克块根芹
5克豆蔻

块根芹柑橘汁配豆蔻

难度：简单
制作：10分钟
热量：80千卡/份

1. 橙子洗净，去皮，去除包裹着橙肉的白色筋膜。留出一小片橙皮，用于榨汁。
2. 块根芹去皮。洗净、晾干，切成适合放入离心果汁机的小块。
3. 柠檬去皮，去掉白色筋膜，分开果瓣。
4. 用离心果汁机将食材榨汁，并分别倒入玻璃杯中。最后放入一小块橙皮，开动离心果汁机。倒入玻璃杯中，使橙皮的香气充满果汁的表层。
5. 碾碎豆蔻荚，每个杯中放入2或3粒，即时享用。

配方特性：

块根芹柑橘汁配豆蔻含热量低，且解渴。在剧烈运动后饮用，能快速补充矿物质，帮助预防寒冷季节的疾病。

柑橘类水果 富含维生素C、维生素E、矿物质和抗氧化物质。热量低，有清体作用，用于清洁和保护我们的身体免受寒冷季节疾病的侵害。

豆蔻 在传统中药中广泛应用于治疗龋齿、牙齿和牙龈的问题。改善不良口气，帮助调节胃肠道的功能。

块根芹 有着清体和利尿的特性。富含纤维素，热量低，维生素和抗氧化剂含量高。

2 份

200 克烤过的甜菜根
2 个有机苹果
5 克葵花籽
5 毫升醋
盐和胡椒

甜菜根苹果汁配葵花籽

1. 葵花籽放在不粘烤盘烘烤几分钟，使其更易消化。
2. 甜菜根去皮，切成小块放入果汁机中。榨汁并立即用醋、盐和胡椒调味。
3. 苹果洗净，切成小块放入果汁机。可以保留富含果胶的苹果皮。
4. 将苹果汁倒入甜菜汁中。搅拌，加入葵花籽，按需求用苹果和甜菜根块点缀，即时享用。
5. 这款果汁是一份完美的餐前开胃饮品，也是带来饱腹感和满足感的低热量饮料。

难度：简单
制作：**5分钟**
热量：**80千卡/份**

配方特性：

甜菜根苹果汁配葵花籽是一款特别解渴、能迅速补充能量且低热量的饮品。适合在身心疲惫时重获精力，还能帮助预防老龄疾病。

甜菜根 含均衡的蛋白质、纤维素和糖类。富含钾、维生素A和维生素C。它的提取物可增强耐力。

葵花籽 含有多种不饱和脂肪酸、维生素A和维生素B，以及铁、锌、磷等矿物质。有益于保持肠道健康，帮助预防血管疾病，对神经系统有着镇静的作用。

苹果 除了大家熟知的许多益处，还能帮助调节血糖水平。

2份

6根胡萝卜
1个青苹果
2个柠檬
1个甜苹果（用于木签装饰）
食用花和香草（用于装饰）
2根木签

苹果柠檬胡萝卜汁

1. 将装饰用的香草和花朵洗净，置于厨房纸上晾干。胡萝卜洗净，去皮。切成小块放入离心果汁机中。
2. 青苹果洗净去皮，切成小块，与胡萝卜块放在一起。
3. 柠檬用榨汁器取汁，用滤网过滤掉果核。
4. 甜苹果洗净。切成几瓣，浸一下柠檬汁（这样果瓣不会变黄，因为柠檬汁阻隔了氧化过程），然后串在木签上。
5. 胡萝卜和苹果用离心果汁机榨汁，将榨出的果蔬汁与柠檬汁混合。分装倒入玻璃杯，用木签苹果串点缀，即时享用。

难度：简单
制作：5分钟
热量：160千卡/份

配方特性：

苹果柠檬胡萝卜汁能有效帮助强化身体免疫系统，含抗氧化成分可对抗老龄化疾病。由于它能带来饱腹感热量又低，是瘦身饮食的完美补充。

胡萝卜 可助消化，促进肠道蠕动。具备强大的抗氧化特性，供给身体维生素，帮助保持眼睛和皮肤健康。在激发免疫系统的过程中扮演重要角色。

苹果 富含多酚和类黄酮，有抗衰老和促新生的特性。缓解便秘，也有助于瘦身。

柠檬 促进食欲，强化免疫系统，支持机体的再生能力。

2份

4个胡萝卜
1个芒果

2根小青柠枝（用于装饰）
4根新鲜牛至小枝
30毫升柠檬汁（可选）

胡萝卜芒果汁

难度：简单
制作：10分钟
热量：135千卡/份

1. 胡萝卜洗净。削去两端，切成小块。
2. 芒果去皮，切成小块。
3. 将食材放入离心果汁机。取榨出的果汁，搅拌。如果喜欢不太甜的口味，可以加入柠檬汁。
4. 将饮料分装倒入玻璃杯中，用香草装饰，使其品相更悦目，口味更诱人。

配方特性：

胡萝卜芒果汁是一款排毒提神的饮品。富含抗氧化成分，可作为净化剂。而它又能提升能量，利尿且轻微通便。有助于瘦身饮食，可带来很强的饱腹感。

胡萝卜 有助于调节肝脏功能并排毒，是很好的利尿剂和净化剂。

芒果 是一种热带水果，起源于亚洲，单果可重达1千克。市场上有各种品种的芒果。然而，它们含糖量都很高，因此，不适合患有肾病或糖尿病的人群食用。它还有辅助抗炎和舒缓的特性，是有效的助眠剂。其含水量高达80%，清新解渴，有着温和的通便利尿作用。

1份

3 根紫胡萝卜
1个李子

50 克蓝莓

蓝莓李子紫胡萝卜汁

1. 紫胡萝卜洗净，用削皮刀刮去表皮。
2. 削去紫胡萝卜的两端，切成小块。
3. 蓝莓和李子洗净。李子切块去核。
4. 先榨蓝莓汁，再榨紫胡萝卜汁，最后榨李子汁。
5. 倒入玻璃杯中，立即饮用，因为这款饮品会迅速被氧化。
6. 这款有着奇妙颜色的饮品上层是诱人的绵密泡沫，聚集着蓝莓和李子中较浅的色调。

难度：简单
制作：**10分钟**
热量：**102千卡/份**

配方特性：

蓝莓李子紫胡萝卜汁富含抗氧化成分，帮助保护视力，有益心脏和循环系统。能激发身体能量，帮助克服抑郁，缓解便秘。

紫胡萝卜 富含维生素A和纤维素。具有与蓝莓相似的抗氧化特性，归功于其中所含的花青素苷，帮助预防微循环紊乱。有良好的抗炎效果，还可帮助保护视力。事实上，典型的橙色胡萝卜直到十七世纪才培育出来，为纪念荷兰独立抗争的领导人奥兰治（原文Orange意为橙色——译者注）的威廉。现在，胡萝卜已被培育出多种颜色。

蓝莓 （又称越橘或覆盆子）富含花青素苷，有抗氧化性，帮助保持循环系统健康。

李子 一种可减弱饥饿感的水果，有助清除肠道废渣。

1份

1个有机青苹果
6片甘蓝菜叶
100克菜花
盐、辣椒粉、柠檬汁（可选）

甘蓝菜花苹果汁

1. 苹果洗净，去芯去籽，切成小块，保留果皮。
2. 甘蓝菜叶和菜花用冷水浸泡几分钟。将菜叶切碎。保留水分丰富的叶干部分。
3. 菜花切成小块。将三种食材分别榨汁。
4. 苹果汁会沉底，甘蓝汁会居中，菜花汁会浮在上层，并覆盖着一层细密的泡沫。
5. 十字花科蔬菜制成果蔬汁易于生食，可加入苹果汁提升它们的口味。
6. 如果需要，可以用盐、辣椒粉和柠檬汁调味。

难度：简单
制作：5分钟
热量：108千卡/份

配方特性：

甘蓝菜花苹果汁是一款帮助应对老年退行性疾病的出色饮品。除了有益于肠道运输功能外，还有人认为它是一种预防消化道肿瘤的优质食品。

菜花 推荐糖尿病人群食用，因为它能帮助调节血糖水平。还可以帮助预防结肠癌和溃疡。含抗氧化物质（黄酮）和吲哚，可帮助预防自由基引起的老化，对治疗贫血症有非常好的促进作用。菜花汁还可帮助预防伤风感冒。

甘蓝 一种典型的冬季蔬菜。这类蔬菜可食用的部分包括绿色叶子和花序（如西蓝花）。蛋白质含量高，热量低，适合节食期食用。

苹果 提高记忆力，有益皮肤。热量低，促进瘦身。

2 份

1 个红洋葱或特罗佩亚洋葱
1 根黄瓜
300 克成熟的樱桃番茄
5 毫升特级初榨橄榄油
5 毫升苹果醋
盐
2 簇柠檬马鞭草（用于香味点缀）

黄瓜洋葱番茄思慕雪

1. 洋葱去除表皮。切成小块。黄瓜洗净，留出两片作饮品点缀。
2. 剩下的黄瓜去皮，与洋葱一起榨汁。用玻璃杯盛放果蔬汁，并倒入电动搅拌杯中。
3. 番茄洗净，切成小块放入搅拌杯中。加入橄榄油、苹果醋、盐和辣椒粉。
4. 搅拌所有原料呈质地均匀的乳化果汁状（一般来说几十秒钟就足够了）。倒入玻璃杯中，用柠檬马鞭草点缀。
5. 这一款华丽的果蔬组合，可满足饥饿纾解口渴，毫无疑问是让人食欲大增的果蔬饮料。

难度：简单
制作：**10分钟**
热量：**90千卡/份**

配方特性：

黄瓜洋葱番茄思慕雪是非常好的瘦身助力，热量低又饱腹感十足。含有多种抗氧化物质，有益于帮助对抗各种组织的退行性病变。

番茄　能显著促进瘦身。然而，对茄属植物（土豆、茄子和青椒等）过敏的人群不适用。

黄瓜　由于其含水量高，黄瓜是出色的利尿和排毒食品。它含有人体必需的矿物质，如钙、钾、磷等；还有维生素A、维生素C和B族维生素。对肾脏很有益处，也能帮助缓解便秘。但有些人不能消化黄瓜，由于它含有硫化物，古时曾用于治疗肠道寄生虫。

洋葱　热量低，适合罹患高血压或循环系统疾病的人群。

1份

100 克小菠菜
1个柠檬
200 克白萝卜
盐和胡椒（可选）

难度：中等
制作：10~15分钟
热量：78千卡/份

白萝卜菠菜柠檬汁

1. 菠菜用冷水浸泡。冲洗几次除去菜叶上的泥土。晾干，去掉根和破损的叶片。留出几片叶子用作装饰。
2. 柠檬去皮，去除白色筋膜部分。切成小块。
3. 白萝卜洗净，切成小块，留出几片用作摆盘装饰。
4. 用离心果汁机先榨柠檬汁，再榨白萝卜汁，最后榨菠菜汁。
5. 用菠菜叶和白萝卜片装饰饮品。
6. 如果需要，可用盐和胡椒调味。

配方特性：

白萝卜菠菜柠檬汁是促消化的最佳帮手。低热量，生津止渴，瘦身且饱腹。对肝脏功能有积极影响，对肠道不好或胃胀气的人群非常有益。

白萝卜 是起源于日本的根茎蔬菜，外观像大号的胡萝卜，带有刺激辛辣的味道。它能促进消化，有利尿、护肝及化痰效果。热量低，但能促进食欲，推荐怀孕初期孕吐频繁的时候食用。

菠菜 有通便、强心、激励的作用。

1份

1棵甜茴香
1个梨
1个柠檬
少许甜茴香叶子（用于装饰）

难度：简单
制作：10分钟
热量：60千卡/份

甜茴香雪梨柠檬汁

1. 甜茴香用冷水浸泡几分钟，摘去叶子和损伤的外层部分，切成小块。
2. 梨削皮，切成小块。
3. 用榨汁器取柠檬汁，或者可以将柠檬去皮去白色筋膜部分，果肉分成小块。
4. 将所有食材放入离心果汁机中。取果汁，搅拌均匀，即时饮用。
5. 爽口、清淡且美味！这是一款妙不可言的超低热量饮品！

甜茴香 可应对胃胀气，调节女性激素，推荐在更年期食用。甜茴香汁还能促进哺乳期开奶。

梨 富含钾，可饱腹，是适合高血压人群的完美水果。含有大量的水分、纤维素和抗氧化物质。

柠檬 是天然的消毒剂：几滴柠檬汁就能快速消灭生蚝表面92%的微生物。

配方特性：

甜茴香雪梨柠檬汁是一款对于循环系统失调或高血压人群特别有益的健康饮品。热量低，帮助瘦身，促进肠道蠕动，可帮助预防退行性疾病。

2 份　300 克葡萄　1 棵生菜

生菜葡萄汁

难度：简单

制作：15分钟

热量：110千卡/份

1. 葡萄洗净，摘下果粒。
2. 生菜用水浸泡。去掉受损的叶片，轻轻沥干。把叶子从茎秆上摘下来，但不要扔掉茎秆。
3. 用离心果汁机或压榨式果汁机榨汁，先榨葡萄汁，再榨生菜汁（将叶子和茎秆切成小块）。
4. 这款饮品上层轻盈松软，悬浮在下层较重的液体之上。细细搅拌，即可得到混合均匀的饮品。

配方特性：

生菜葡萄汁非常清爽，适合瘦身饮用。有益消化健康，温和通便，补水解渴，富含矿物质。还能帮助安抚孩子的情绪。

葡萄　含维生素、必需的矿物质，如钾、镁、磷、钙等，还有纤维素、有机酸和抗氧化成分。

生菜　热量低，含90%~95%的水分和纤维素；提神、利尿且温和通便。含极丰富的矿物质（如钾、钙、磷、铁等），维生素C、维生素E、维生素K和B族维生素，及类胡萝卜素。特别推荐作为肠道健康和瘦身的饮食。能帮助孩子睡眠，但也容易引起吞气症。

1份

1个红洋葱
1个新鲜的辣椒

4个橘子

柑橘洋葱辣椒汁

难度：简单
制作：8分钟
热量：121千卡/份

1. 洋葱去皮，切成小块。
2. 辣椒洗净。去蒂去籽，去掉白色筋膜（籽和白色筋膜往往非常辣，去掉可减轻辣味。）
3. 橘子剥皮，分成数瓣。
4. 用离心果汁机先榨洋葱汁，再榨辣椒汁，最后榨橘子汁。
5. 这款果汁会分层，底部会有沉淀，而表面浮着一层轻盈、香气迷人的泡沫。饮用前搅拌均匀，享受这一令人愉悦的混合果蔬汁，清甜融合辛辣，散发着芬芳，构成一款新颖独特的、超级解渴的饮料。

配方特性：

柑橘洋葱辣椒汁促进瘦身，消耗脂肪增进新陈代谢，有清体功效。富含维生素和抗氧化成分，有助于对抗冬季疾病，是很好的抗菌饮品。

柑橘 起源于亚洲的水果。富含维生素C、维生素A和纤维素。

洋葱 含相当高浓度的矿物质（锌、钾、镁、磷等）和维生素（维生素A、维生素C和B族维生素）。热量低，叶酸含量高，被认为是排毒清体的理想食物，充分调节胃肠道功能，促进单糖的消化吸收。

辣椒 帮助预防感染，促进消化和循环。

1份

1个石榴
1块生姜
4片甜茴香叶

石榴甜茴香生姜汁

1. 在制作过程中，需要特别注意生姜的用量，因为生姜的味道非常强烈，可能盖过其他的食材。
2. 打开石榴取籽。去掉白色的薄膜，拿出包裹其中的石榴籽。
3. 取约橄榄大小的生姜去皮，加入石榴籽中。
4. 甜茴香洗净，切成小块。
5. 将食材少量多次放入果汁机中，榨汁。搅拌均匀，即时饮用。
6. 如果你不习惯生姜的味道，可不必榨汁，改用木签串着姜块，饮用前将其在果蔬汁中浸泡几分钟，以增添风味。

难度：中等

制作：10分钟

热量：130千卡/份

配方特性：

石榴甜茴香生姜汁非常提神，热量低，利尿，帮助清体，可作为温和的通便饮品。富含抗氧化成分，帮助对抗老龄化疾病，促使迅速恢复体力，改善情绪。

石榴 是石榴灌木的果实。含80%的水分，利尿，有助消化和止血。

生姜 是非常万能的香料，具有滋补、抗炎、退烧及温和抗氧化等作用。也是低热量的瘦身饮食助力。含B族维生素、维生素C和维生素E，以及多种矿物质，如钙、镁、铁、锰、锌、铜和硒等。

甜茴香 利尿，清体，减轻腹胀，满足食欲。

2 份

2 个苹果
1 个红色彩椒
1 个柠檬
盐和胡椒（可选）

难度：简单
制作：10分钟
热量：95千卡/份

配方特性：

彩椒苹果柠檬汁可以排毒，富含维生素和纤维素。最主要的是，热量低适合瘦身饮食，还能帮助调节肠道功能。

彩椒苹果柠檬汁

1. 洗净苹果、彩椒和柠檬。
2. 苹果削皮，去核去籽，切成小块。
3. 柠檬去皮，分成数瓣。将彩椒掰成小块，去掉白色部分，去蒂去籽。
4. 将所有食材放入果汁机榨汁。倒出果蔬汁，按个人口味用盐和胡椒调味。分装入两个玻璃杯中，搅拌并享用。
5. 清爽解渴，是夏日里美好的餐前开胃饮品。

彩椒 生吃时含有比柑橘类更多的维生素C（在生吃的前提下）。还含有相当数量的β–胡萝卜素（主要在红色彩椒中）和多种B族维生素。同时还伴有很多矿物质，如铁、镁、钙和最主要的钾。大量的水分和纤维素能起到利尿通便作用，使彩椒成为瘦身饮食中非常有用的一种食材。

苹果 含大量的纤维素，对消化道健康非常重要。

2 份

1 个黄西柚
1 个石榴
1 块生姜
2 根肉桂棒
一小撮肉桂粉

难度：中等
制作：10分钟
热量：90千卡/份

西柚石榴肉桂姜汁

1. 西柚剥去皮，去掉包住果肉的白色筋膜，分成数瓣。
2. 石榴剥开，取出籽。去掉残余的白色膜，把石榴籽收集在碗里。
3. 取一块榛子大小的生姜，去皮。如果你喜欢姜味，可以用更大一点的。
4. 用离心果汁机先榨石榴籽汁，然后榨生姜汁，最后榨西柚汁。
5. 撒上一小撮肉桂粉增添香气，搅拌，倒入玻璃杯中，用姜片和肉桂棒点缀。

石榴 利尿、排毒，含水量80%。

肉桂 一种抗氧化的香料。帮助防腐抗菌，缓解痉挛。含有胰蛋白酶，有效帮助清除血液脂肪，并可帮助稳定血糖水平。可对抗肠道发酵，减少饥饿感。最近的研究提出肉桂有辅助治疗神经性疾病和痴呆症的可能。

西柚 被认为是绝佳的低热量水果。由于它能刺激淋巴管，可帮助将多余的液体和脂肪排出体外。

配方特性：

西柚石榴肉桂姜汁是一款低热量的瘦身饮品，可降低食欲，直接影响神经系统，加速新陈代谢。含有大量的维生素和抗氧化物质，对健康大有裨益。

1份

1个有机小青苹果
5棵小萝卜
1根黄瓜
盐和苹果醋（可选）

难度：简单
制作：5分钟
热量：95千卡/份

配方特性：

萝卜黄瓜苹果汁热量低，瘦身且非常饱腹。能帮助预防肠道和呼吸道疾病，促进血红细胞生成。

萝卜黄瓜苹果汁

1. 苹果洗净，切成小块，不削皮。
2. 清理小萝卜，去掉叶子和根须，根据萝卜大小一切为二或一切为四。
3. 黄瓜洗净，去掉2/3的表皮（绿色皮含天然色素，根据用量不同，将带给饮料不同深浅的颜色），切成小块。
4. 用离心果汁机分别榨汁。倒入玻璃杯时，果蔬汁会趋向分层。
5. 倒入玻璃杯后即时饮用。如果喜欢，可用盐和苹果醋混合调味。

苹果 含水量达85%，低热量。富含维生素（维生素C、维生素PP、维生素B_1、维生素B_2，维生素A）且含苹果酸（0.6~1.3克）。

黄瓜 绝大部分由水构成，因而是良好的利尿和排毒食品。含有钙、钾、磷等矿物质；维生素A、维生素C和B族维生素等。是调节肾脏功能的有力辅助，还可以缓解便秘。

萝卜 有助于支气管扩张、祛痰、抗菌、补血。含大量维生素C、维生素K和B族维生素以及铁。

1份

1个番茄
4棵小萝卜
1个柠檬
盐和胡椒
香料及豆蔻（可选）

难度：简单
制作：8分钟
热量：56千卡/份

萝卜柠檬番茄汁

1. 番茄洗净。去蒂，去掉硬的部分。切成小块。
2. 清理萝卜，去掉叶子和根须。一切为二或一切为四。
3. 柠檬榨汁，用玻璃杯盛放。
4. 用离心果汁机榨番茄汁。如果去掉番茄皮和籽，会得到格外柔滑细腻的果汁，不喜欢果汁里有小颗粒的人群推荐选择这种做法。
5. 用盐和胡椒调味，需要的话还可加入香料或小豆蔻荚。

萝卜 含大量的维生素、矿物质和抗氧化成分，也正是它呈红色的原因。萝卜樱也富含矿物质，可与其他蔬菜一起制作沙拉。

柠檬 一种起源于亚洲又在地中海地区完美融合的柑橘类水果，未成熟的果实从枝头摘下后仍可以继续成熟。

番茄 对高血压和痛风性关节炎的患者十分有益。还能帮助对抗粉刺，改善肌肤弹性。

配方特性：

萝卜柠檬番茄汁低热量可瘦身。在剧烈运动后饮用，能有效补充矿物质。含抗氧化成分，有助于保持身体健康。

2 份

1 根白芹菜
1 个苹果
2 根胡萝卜
4 根百里香枝条
4 片鼠尾草叶
4 根细虾夷葱
食用花（用于装饰）

香草虾夷葱西芹苹果汁

1. 清理好香草和西芹。
2. 西芹摘掉叶子，去掉深色和受损的部分。切成小段放入离心果汁机中。
3. 胡萝卜洗净，削去或磨去表皮，切成小块，加入西芹中。
4. 苹果洗净，一切为二。留出两片用作装饰，剩下的削皮切成小块。
5. 将苹果与西芹、胡萝卜放在一起，用离心果汁机榨汁。
6. 将果蔬汁倒入玻璃杯中，用切碎的虾夷葱增添香气，再用香草、苹果片和食用花装饰。
7. 立即饮用，充分享受新鲜水果和蔬菜带来的健康益处。

难度：简单
制作：10分钟
热量：120千卡/份

配方特性：

香草虾夷葱西芹苹果汁除了低热量可瘦身之外，还有清体、抗菌的效用，含大量抗氧化成分，帮助预防老年退行性疾病，特别是心血管疾病。

西芹 含钾、钙、磷、镁、硒和大量维生素A、维生素C和维生素K。

胡萝卜 保护动脉血管，并增强免疫系统。

虾夷葱 一种耐旱性多年生植物，叶可食用，全年可收获。有着出色的净化和抗菌作用，刺激胃酸分泌并增进食欲，温和通便。对心脏有益，有些人还认为它有催情的效力。此外，它含有维生素C、磷和钾。

香草 是维生素、矿物质和纤维素的优质来源。

1份

200 克菠菜
5 棵小萝卜
5 个核桃
1个有机柠檬

难度：简单
制作：10分钟
热量：123千卡/份

萝卜菠菜核桃柠檬汁

1. 清理菠菜，用冷水浸泡，然后轻轻沥干水分，留出几片叶子备用。
2. 萝卜洗净，去叶，根据大小一切为二或一切为四。
3. 柠檬洗净，去除部分果皮（保留约1/4），然后切成小块。
4. 核桃去壳（留出2个核桃仁作装饰），用研磨钵碾碎成均匀粉状。
5. 将蔬菜和柠檬放入离心果汁机。榨出的果蔬汁盛入玻璃杯中，放入核桃粉调味并搅拌均匀。用菠菜叶、核桃仁点缀，即时饮用，以享受食材最佳的清新风味。

配方特性：

萝卜菠菜核桃柠檬汁除可辅助瘦身饮食之外，富含抗氧化剂，如ω-3和ω-6不饱和脂肪酸、维生素C，以及可帮助预防癌症和退行性疾病的类黄酮。

柠檬 是对抗橘皮脂肪有效的助力。

核桃 富含ω-3不饱和脂肪酸。保护心脏，且预防眼部疾病。含维生素B和钙、镁等矿物质。核桃有着抗衰老、抗退化的特性，帮助调节胆固醇水平。

萝卜 含多种维生素，矿物质和抗氧化成分。

菠菜 含维生素A、叶酸，以及一定量的矿物质。

1份

100 克蒲公英叶
1个柠檬
1棵洋蓟
盐和胡椒

难度：中等
制作：10~15分钟
热量：69千卡/份

蒲公英洋蓟柠檬汁

1. 将蒲公英叶浸泡于冷水中，洗净残余泥土，然后沥干。
2. 柠檬取汁备用。
3. 清理洋蓟，去掉受损的叶片，剥去茎干外层。与蒲公英叶一同放入果汁机，榨汁。加入柠檬汁，用盐和胡椒调味，即时享用。
4. 这款饮品味道略苦，加入柠檬汁可减弱苦味。由于它不寻常的口味，建议最好先少量尝试。

蒲公英 一种极为常见的多年生草本植物，可在海拔1800米的地方生长。开花前收获最佳，在2月或9月，当枝叶最鲜嫩、功效最全面的时候采摘。具体来说，它富含多酚类，有利尿作用。

柠檬 是一种很好的鼻血管收缩剂。有助于防止感染，预防龋齿。它还具有很多其他特质：如帮助预防动脉硬化，对肝脏和胰腺有益。

洋蓟 有效帮助降血脂和胆固醇，并帮助血管壁保持弹性。

配方特性：

蒲公英洋蓟柠檬汁是一款有着利尿效果的健康饮品，是高血脂高胆固醇人群的理想饮料。低热量可帮助瘦身，有效促进肝脏正常工作。

1份

1根西葫芦
1个柠檬
2.5克混合香料：胡椒、豆蔻、肉桂、香菜
5毫升特级初榨橄榄油
盐

西葫芦柠檬汁配香料

难度：简单
制作：**5分钟**
热量：**78千卡/份**

1. 西葫芦洗净，削去两端，切成小块。
2. 柠檬切成两半，留出一片作装饰用。
3. 剩下的柠檬去皮，切成小块，与西葫芦一起榨汁。
4. 将果蔬汁倒入玻璃杯中，用盐和胡椒调味，搅拌均匀，即时饮用。

配方特性：

西葫芦柠檬汁配香料含热量极低，却非常饱腹。是保持肠道健康的完美之选，含多种抗氧化成分，如黄酮。

西葫芦 是一种容易消化的蔬菜，含水量极高（94%）。热量低，含多种矿物质（钾、铁、钙和磷），维生素（A、C、B_1和B_2）以及非常有用的抗氧化成分——生物黄酮素。此外，还含有叶黄素和玉米黄质，这两种成分很难在食物中找到，对预防视网膜黄斑退化有辅助的功效。

柠檬 在传统医学中被用于保持牙齿闪亮、洁白且健康。

香料 富含矿物质，可加速新陈代谢，有助瘦身。

素食植物蛋白果汁和思慕雪

天然的一致性

钦齐亚·特伦基

素食者可选择含植物蛋白的思慕雪和乳化果汁，即加入乳状、奶油或酸奶形式的大豆、大米、燕麦等植物蛋白，作为动物蛋白的替代补充。这类成分可与蔬菜水果完美调和，诞生极为美味的饮品。喝第一口就能感受到乳脂般细腻的口感和格外香浓的口味，非常有辨识度。无论你选择加入哪种谷物“奶”，成品都会非常出色；在选择谷物时唯一需要考虑的只是你的喜好。现代人对某些食材过敏的个例越来越常见，整合其他食材、让自己的饮食多样化变得更为必要。因而，可以用素食替代传统的牛奶、奶油和酸奶，还能具备那些过去无法从别的食材中获得的营养特质，是一种备受欢迎的进步。豆浆饮品，与米浆或燕麦乳饮品类似，可作为能量早餐，也可以作为优质的低热量零食，很容易与果蔬饮品混合，而不会盖过果蔬原本的风味。在选择饮品配方时，除了个人喜好外，还要注意身体对某些食材的不耐受或过敏。目前，我们已经可以在市场上找到（如果不能在家制作）优质的植物制品替代酸奶和奶油。我们得以继续享受我们最爱的食物，而又不必打破节食计划。此外，植物奶油和酸奶一般都比牛奶制品更为清淡不油腻，却不影响风味。因此，这为我们保持健康、轻松自由地掌控热量摄入扫清了障碍。

从现在起，我们用有节制的饮食方式改善健康的同时，也可以满足我们的味蕾。

激活免疫防御

毛里齐奥·库萨尼

成年人每天需要的蛋白质平均约为每千克体重1克。均衡的饮食方案应考虑摄入各种不同的蛋白质。最理想的是摄入50%的植物蛋白和50%的动物蛋白。

过量摄入动物蛋白会导致新陈代谢减缓，造成肾脏负担。然而，植物蛋白中缺乏足够的人体必需氨基酸，这类氨基酸人体不能自行合成，而必须从膳食中摄取。这就是为什么科学搭配动物蛋白与植物蛋白十分重要，以此来保证全面均衡的饮食。

加入了蛋白质的思慕雪可以带来很强饱腹感，因此在节食方案中尤其实用，可以帮助减少每日摄取的热量，而不影响身体健康。它们一方面能保持免疫系统的活跃度，另一方面还可以提升身体组织的自我修复能力。此外，本章中所列举的饮品有技巧地调和了多种果蔬，加入香料促进新陈代谢，搭配矿物质和抗氧化成分，从而获得营养更丰富更均衡的香浓饮品。

1份

150克大豆酸奶
5克混合香料粉：肉桂、香菜、丁香、葫芦巴、胡椒等
5克亚麻油
1小撮盐

香料大豆酸奶

1. 这个配方也可以用一把小叉子制作。
2. 将所有食材倒入一个碗中，搅拌至均匀混合，倒入玻璃杯中即可享用。
3. 这款带有香料的饮品香气袭人、味道极为浓郁，还对身体大有裨益。
4. 可于冰箱中冷藏，非常适合作为美味的头盘开胃菜或带来满足感的零食。

难度：中等
制作：**5分钟**
热量：**138千卡/份**

配方特性：

香料大豆酸奶对于促进新陈代谢特别有效。还有催情作用，富含有效抗击自由基的成分。

肉桂　对预防感冒很有用，可刺激免疫系统。对肠道健康特别重要，也是很好的抗菌食品。

丁香　有助抗菌、抗炎症，缓解痉挛，助消化。所含的类黄酮是强有力的抗氧化剂；有镇痛效果，可帮助缓解牙痛，抗击口腔真菌，促进口腔健康。

大豆　可减轻饥饿感。

亚麻油　含ω−3和ω−6不饱和脂肪酸，缓解便秘，降低胆固醇水平。

2 份

1 棵洋蓟
100 克大豆奶油
5 毫升柠檬汁
5 毫升特级初榨橄榄油
2 簇欧芹
盐片

洋蓟柠檬汁大豆奶油酪

1. 洋蓟洗净。去掉受损的外层叶片，去尖去须。切成小块榨汁，用玻璃杯盛放。
2. 欧芹洗净。用一个容器搅拌大豆奶油、橄榄油和盐片。少量多次加入洋蓟汁（味偏苦，注意控制加入的量）。
3. 用叉子搅拌至质地均匀。加入欧芹增添香气，与剩下的洋蓟汁一同上碟。如果喜欢也可以把洋蓟汁都加入饮品中。
4. 这款饮品非常适合为汤品增加风味，或作为特别的餐前开胃饮品，或是独创的头盘。

难度：中等
制作：5分钟
热量：145千卡/份

配方特性：

洋蓟柠檬汁大豆奶油酪低热量，抗菌，保护肝脏等排毒器官，抗衰老，有效对抗感染。

柠檬　其香气有助于提高注意力。

洋蓟　含一种抗氧化物质（西那林），生吃时含量特别丰富。

欧芹　起源于欧洲南部，是那里常见的一种芬芳的香草。含纤维素、矿物质（钙、钾、钠、磷、镁、铁、锌、硒和锰）以及维生素（A、C、E、K和B族），还含有重要的抗氧化物质和大量的黄酮，以及可减缓细胞老化的抗氧化成分。

2 份

1 个番茄
1 根芹菜心
100 克大豆奶油
100 克大豆酸奶
2 簇欧芹
5 毫升特级初榨橄榄油
5 毫升柠檬汁
盐

番茄大豆奶油酪配西芹与欧芹

1. 番茄洗净，去皮去籽。
2. 西芹与欧芹洗净（为成品增加风味）。西芹切段。
3. 番茄细细切碎，或搅拌成泥。放入一个大碗中，加入橄榄油、柠檬汁、盐、大豆奶油或酸奶。用叉子乳化搅拌至质地均匀柔滑。
4. 这款华丽的饮品饱含轻盈清爽的夏日风味，可作为零食或轻淡的开胃菜。

难度：中等
制作：10分钟
热量：110千卡/份

配方特性：

番茄大豆奶油酪配西芹与欧芹十分饱腹，有助于促进肠道蠕动。它可排毒、利尿，富含大量、主要作用于神经系统的抗氧化物质。

番茄 含可控制皮脂分泌的成分，避免皮肤油腻。

西芹 富含抗炎症、补水、清体的成分和维生素C。还含有抗氧化类黄酮，如叶黄素、玉米黄质和β–胡萝卜素。其广为人知的瘦身作用是由于含有丁基苯酞和大量水分。

大豆 有利于增肌减脂。

欧芹 促进消化，对抗胀气。是很好的滋补食品，且有利尿作用。

2 份

100 克豆腐
100 克豆腐奶油
15 毫升特级初榨橄榄油
5 克混合香料：姜黄粉、辣椒粉、胡椒粉、孜然粉
1 撮藏红花蕊

应季蔬菜，如：
2 根胡萝卜
1 根黄瓜
4 棵小萝卜
2 根芹菜秆
100 克白萝卜
4 个番茄
2 根木签

豆腐奶油酪配香料时蔬串

1. 蔬菜洗净，置于厨房纸上沥干。
2. 用一只小平底锅以微火融化15毫升的豆腐奶油，加入香料拌匀。这能保证成品细腻无颗粒。
3. 豆腐细细切碎，加入剩余的豆腐奶油和特级初榨橄榄油搅拌乳化。加入含香料的豆腐奶油，搅拌均匀。撒上藏红花蕊作为装饰。
4. 蔬菜切块，发挥想象创造组合蔬菜串。
5. 这款饮品可作为餐前开胃饮料或开胃菜；它风味十足，清淡宜人，是炎热天气的完美之选。

难度：中等
制作：15分钟
热量：200千卡/份

配方特性：

豆腐奶油酪配香料时蔬串是一款非常饱腹、能量满满的饮品，能刺激新陈代谢，促进热量消耗，确保摄入足量的矿物质、纤维素和维生素。

黑胡椒 是全世界应用最广泛的调味料之一。所含的6%胡椒碱赋予其独特风味，促进消化，刺激大脑内啡肽的生成，有抗抑郁的效果。

豆腐 热量低，由大豆制成，可用于搭配任何蔬菜。

蔬菜 （西芹、胡萝卜、小萝卜、白萝卜、黄瓜）富含维生素A、维生素C和维生素E，含抗氧化的类黄酮以及人体所必需的矿物质如镁和铁等。能有效促进瘦身，且非常饱腹。

1份　100 克葡萄　100 毫升大豆酸奶

大豆酸奶葡萄思慕雪

1. 将葡萄从枝条上摘下，一切两半，去籽。
2. 将葡萄和大豆酸奶倒入电动搅拌杯中。
3. 搅拌至细腻柔滑、质地均匀。倒入玻璃杯中，即时饮用。
4. 当水果与酸奶搅拌在一起时，不再清淡，而成为富含营养又极为解渴的饮料。这款思慕雪加入冰块制作也非常出色。

难度：中等
制作：5分钟
热量：133千卡/份

配方特性：

大豆酸奶葡萄思慕雪可温和通便，激发身体活力，补充水分。富含花青素，帮助预防寒冷季节疾病和肠道疾病。

大豆　含多元不饱和脂肪酸，如保护心血管系统的ω-3不饱和脂肪酸。此外，富含维生素B_9和维生素E，以及铁、镁等矿物质。

葡萄　有助消化，温和通便，强化免疫系统。所含的石炭酸和单宁酸有抗疱疹病毒的作用。以食用葡萄为基础的葡萄疗法，有着焕发青春和排毒的功效。

2 份

200 毫升米浆
400 克菠萝
10 粒糖渍樱桃
4 个杏脯
木签

糖渍樱桃杏脯米浆思慕雪

难度：中等
制作：10分钟
热量：180千卡/份

1. 煮热米浆。停止加热后，放入杏脯和糖渍樱桃，静置30分钟。倒入电动搅拌杯中，搅拌至起泡。
2. 菠萝去皮，切成小块，串在木签上。
3. 将思慕雪分装在玻璃杯中，与签串一同呈上。
4. 风干和糖渍水果可让我们享受过季美食。

配方特性：

糖渍樱桃杏脯米浆思慕雪有着精致的口味和宜人的香气，能使人精力充沛。具有抗炎症的作用，在预防呼吸系统和肠道病毒感染中起着积极的作用。

樱桃　含抗炎和镇痛的成分。

杏　含山梨醇，有温和的通便效果。

菠萝　可以饱腹，且是很好的利尿食品。助消化，也能缓解疼痛。

米浆　不含乳糖，适合乳糖不耐受的人群。钙含量突出，还含有易消化的单糖类及多元不饱和脂肪酸。

1份

1根小香蕉或小米蕉
1个梨
100毫升豆浆

香蕉雪梨豆浆思慕雪

难度：简单
制作：5分钟
热量：160千卡/份

1. 香蕉去皮，切成小块，放入电动搅拌杯。
2. 梨削皮，去蒂去核。切成小块，与香蕉放在一起。
3. 加入豆浆，快速搅拌至香浓细腻。
4. 倒入玻璃杯，即时享用。
5. 奶油般柔滑诱人，给人带来满足，这款思慕雪也非常适合做成美味的冰淇淋。

配方特性：

香蕉雪梨豆浆思慕雪是一款香浓的饮品，有高含量易消化的单糖、矿物质、纤维素和蛋白质。这款混合饮品能很好地补充能量，帮助恢复体力，带来饱腹感，非常适合老年人饮用。

香蕉　饱腹感强，富含钾，营养丰富，补充能量，帮助调节血压，减少不利于动脉健康的低密度脂蛋白（LDL）。

梨　燃烧脂肪，帮助滋养皮肤。辅助降血压，也能促进肠道健康。

大豆　含染料木黄酮和大豆苷元，帮助调节雌激素，缓解内分泌失调导致的经前综合征。

2份

2个柿子
200毫升米浆
5克磨碎的有机柠檬皮和橙皮屑
1个柠檬

秋柿米浆思慕雪

1. 柿子洗净。去蒂去皮去籽，将果肉放入电动搅拌杯中。
2. 柠檬榨汁。
3. 将磨碎的柠檬皮和橙皮屑、柠檬汁和米浆倒入搅拌杯中。搅拌至细腻均匀。
4. 分装在玻璃杯中，即时享用。
5. 米浆很容易自制，1份米加10份水低火煮约1小时。冷却后用滤网过滤。如果喜欢，可用香草或蜂蜜调味。

难度：简单
制作：5分钟
热量：136千卡/份

配方特性：

秋柿米浆思慕雪是一款能让人精力充沛的饮料，富含快速和缓慢释放的糖类，能迅速补充能量且效果持久。有助于调节胃肠功能，缓解便秘和肠过敏。但不建议糖尿病人饮用。

柿子 保护肝脏和结肠，特别适合虚弱、康复中的病人，缓解疲劳。此外，它还能帮助调节肠道功能。

米浆 无麸质，蛋白质、胆固醇、饱和脂肪和维生素D的含量比牛奶低。另外，它还有不饱和脂肪、矿物质和丰富的单糖类。是肠道功能良好的调节剂，适合疝气患者食用。

2 份

50 克黑莓
50 克草莓
300 克菠萝
1/3 杯大豆酸奶

难度：中等
制作：12分钟
热量：145千卡/份

配方特性：

草莓黑莓菠萝大豆酸奶思慕雪是一款富含抗氧化物质，清新提神、净化清体的饮品，有着辅助抗炎和镇痛的特质。营养均衡且饱腹，适合任何饮食方案。

草莓黑莓菠萝大豆酸奶思慕雪

1. 用流动水轻柔洗净黑莓和草莓。草莓去蒂。榨取草莓和黑莓果汁，过滤并倒入电动搅拌杯（这一步骤可去除莓果中的细小种子）。
2. 菠萝洗净，去皮，切成小块，加入果汁中。
3. 加入大豆酸奶，搅拌至质地均匀。
4. 倒入玻璃杯，即时饮用，以免错过享受新鲜水果带来的绝佳口感和健康益处。

草莓 可饱腹，水分足，含维生素和抗氧化成分。由于草莓中唯一的糖类是果糖，所以糖尿病患者可食用。

黑莓 利尿，解渴，清体，可有效对抗微循环失调，降低低密度脂蛋白（LDL），温和通便，含高浓度的维生素B_9和有益孕期女性的叶酸。

大豆 是一种富含维生素A和磷、钾等矿物质的豆科植物。

2 份

4 个奇异果
200 毫升燕麦奶油
1 个柠檬
1 个奇异果和 1/2 柠檬（用于装饰）
10 粒冰块

难度：简单
制作：7分钟
热量：165千卡/份

奇异果柠檬燕麦思慕雪

1. 奇异果洗净去皮。切成小块，放进电动搅拌杯。加入燕麦奶油。
2. 柠檬榨汁。与其他食材混合，加入冰块。
3. 开启搅拌杯，搅拌至细腻柔滑无结块的状态。
4. 倒入玻璃杯中，用柠檬片和奇异果装饰。
5. 这款饮品微酸，非常解渴，可激发能量，是完美的充饥零食。

配方特性：

奇异果柠檬燕麦思慕雪帮助保护身体免受病毒感染，预防退行性疾病。瘦身，补水，排毒，对幼童尤其有益，也适合促进病愈后快速恢复精力。

柠檬 促进皮肤和头皮的新生，保持年轻。

燕麦 富含燕麦生物碱，一种活性酚类化合物。这种谷物富含蛋白质（约15%），含不饱和脂肪酸，如有助于预防心血管疾病的亚油酸。燕麦粉有益于病愈人群和儿童。

奇异果 起源于新西兰，扩展到欧洲。含极为丰富的维生素C。

2份

400毫升燕麦乳
一根香草荚
100毫升酸樱桃果酱

香草燕麦乳酸樱桃果酱思慕雪

1. 将燕麦乳倒入锅中，加入碾碎的香草荚煮沸10分钟。放凉，用滤网过滤。
2. 用香草调味后的燕麦乳可放冰箱冷藏数日。
3. 将调味乳倒入电动搅拌杯中，加入酸樱桃果酱，搅拌均匀。
4. 这款饮品可放入冰箱冷藏数日，口味不变。
5. 这款思慕雪非常容易制作，可以用任何吃剩的果酱来调制。

难度：中等
制作：30分钟
热量：145千卡/份

配方特性：

香草燕麦乳酸樱桃果酱思慕雪是一款富含抗氧化物质（类黄酮和花青素苷）的饮品。排毒，温和通便。此外，还能使人精力充沛，减少心理压力。

酸樱桃 帮助调节心血管，对中枢神经系统有积极影响。含果胶，有排毒作用，缓解关节炎，促进肌肉功能。含多种矿物质（最主要是钾），且有着温和的通便作用。

燕麦 含β-葡聚糖（一种能减少从食物中吸收胆固醇的成分）以及葫芦巴碱（一种抗抑郁有滋补作用的成分）。此外，燕麦还含有植物凝血素、B族维生素和钙、磷等矿物质。

香草 （又称香子兰）闻起来带甜味的一种香料，有着浓郁的香气。它是从一种特殊的兰花演变而来的。

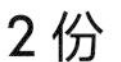

2份

2个苹果
200毫升豆浆
少许肉桂棒和丁香（用于装饰）
5克混合香料：肉桂、胡椒、
肉豆蔻、丁香
10粒冰块

苹果豆浆香料思慕雪

1. 苹果洗净，去皮，去蒂去芯，切成小块放入电动搅拌杯中。
2. 加入香料、豆浆和冰块。搅拌至细腻柔滑、质地均匀。
3. 将饮品倒入玻璃杯中，用肉桂棒和丁香点缀。
4. 如果你想自己制作豆浆，取100克黄豆，用1升水浸泡约20小时，再加入0.5升水混合。倒入1升沸水中，煮15分钟。放凉，用滤网过滤。豆浆可在冰箱中冷藏储存约3日。

难度：简单
制作：**5分钟**
热量：**95千卡/份**

配方特性：

苹果豆浆香料思慕雪是罹患循环系统疾病或糖尿病人群的理想饮品，也非常适合正在减肥的人士。这是一款饱腹感强、高度补水且能振奋精神的饮料。

大豆　降低胆固醇，控制饥饿感，对新陈代谢有积极影响。

苹果　含果胶，可降低血液中的胆固醇，帮助预防中风和心脏疾病。

胡椒　最常见的调味料之一，含水（10%）、蛋白质、脂肪、矿物质，如钙、钠、钾、铁和磷。高血压或痔疮患者忌吃黑胡椒。此外，它有可能影响某些药物的效用。

2份

50克蓝莓
1个梨

300毫升豆浆

蓝莓雪梨豆浆思慕雪

1. 清理蓝莓。用流动的水冲洗干净，用厨房纸轻轻吸干水分。
2. 梨去皮，去蒂去核，切成小块。
3. 将豆浆、梨块和蓝莓放入电动搅拌杯中，搅拌至细腻柔滑、质地均匀。
4. 想制作一款既解渴又营养的饮品，如季节允许，可根据口味加入冰块。这款饮品可作为早餐，推荐给素食者及有兴趣尝试的人们。

难度：简单
制作：5分钟
热量：130千卡/份

配方特性：

蓝莓雪梨豆浆思慕雪十分提神醒脑，能迅速补充水分，含大量植物蛋白，还富含抗氧化物质和纤维素，帮助预防老龄化疾病。它能提供大量的植物蛋白。

蓝莓 富含抗氧化物质，可延缓衰老。含紫檀芪，一种白藜芦醇的衍生物（也存在于红酒、葡萄中，花生中也含有少量），可促进瘦身，使蓝莓成为低热量饮食的完美补充。

梨 帮助身体在繁重工作中保持能量水平。

大豆 含异黄酮，可调节更年期性激素的水平。

2份

1个成熟的梨
200毫升米浆
50克燕麦片

雪梨米浆思慕雪配燕麦片

难度：简单
制作：5分钟
热量：185千卡/份

1. 梨洗净，去皮，切成小块，放入电动搅拌杯中。
2. 加入米浆，搅拌至质地均匀。倒入玻璃杯中，伴燕麦片食用。
3. 这款混合饮品可作为营养均衡的低热量早餐。如果你喜欢更浓稠如丝绒般的口感，可以把燕麦片与其他食材一同打碎搅拌。

配方特性：

雪梨米浆思慕雪配燕麦片是一款能迅速补充能量的食品，非常适合帮助在剧烈运动后或极大心理压力下恢复能量。它饱腹感很强，基于所含成分可提供均衡的营养。

米浆 富含热量，因此对剧烈体育活动后的人群非常有用，但不推荐糖尿病人食用。还是调节肠道活动的好助力，非常适合肠过敏或胃胀气的人群食用。

梨 含硼、钾、镁等矿物质和维生素、纤维素等。它是一种低热量水果，含大量水分可为身体补水。在长时间体力活动期间，可帮助保持能量水平。

燕麦片 推荐儿童和病愈恢复者食用，因为它含大量的营养成分，且含有亚油酸等多种不饱和脂肪酸。

2份

1个有机梨

200克成熟芒果

200毫升豆浆

雪梨豆浆芒果思慕雪

1. 梨洗净，去蒂去核，连皮切成小块，放入电动搅拌杯中。
2. 芒果洗净，剥皮，放入梨块中。
3. 加入豆浆，搅拌均匀，倒入玻璃杯中。
4. 这款营养又解渴的思慕雪有着榛子般的颜色，来自梨皮所含的单宁。如果你希望饮品呈现出芒果的颜色（黄色），就去掉梨的皮，只用梨肉制作即可。

难度：简单

制作：**5分钟**

热量：**150千卡/份**

配方特性：

雪梨豆浆芒果思慕雪是一款能带来极强饱腹感的饮品。因此，可用于瘦身饮食。对不喜欢肉类的人们来说，它是理想的蛋白质来源，且有助肠道健康。

梨 有助于预防心血管疾病和高血压。帮助清除肠道废物，其中的钾还可防止痉挛。

豆浆 是蛋白质的优质来源。研究发现，它可帮助预防肿瘤和某些循环系统的疾病。

芒果 保护呼吸道的黏膜，滋养皮肤，促进肾脏功能。此外，含有抗氧化物质，有着清体、利尿和通便的功效。

1份

200 克成熟李子
100 毫升燕麦乳
5 粒冰块

李子燕麦乳思慕雪

1. 李子洗净，切成小块，去核。
2. 将燕麦乳倒入电动搅拌杯。加入李子和冰块（如果你喜欢解渴清爽的饮料，但所处季节不适合用冰，这款思慕雪不加冰一样非常棒）。搅拌食材至细腻柔滑、质地均匀。
3. 将思慕雪分装入玻璃杯中，即时饮用。
4. 燕麦乳可在家自制，用100克燕麦片、1升水、1根香草荚和15毫升蜂蜜制作。将燕麦片泡在水里1小时，然后过滤，加香草荚煮沸20分钟。最后，加入蜂蜜搅拌。

难度：简单
制作：**5分钟**
热量：**96千卡/份**

配方特性：

李子燕麦乳思慕雪是一款通便排毒的饮品，富含矿物质、氨基酸和抗氧化维生素。有着出色的净化作用，是瘦身的助力，可帮助排出身体的毒素。

李子 排毒，可缓解便秘和胃痛。所含的钾能减少组织水肿。李子富含有机酸（使它具有适度的酸味），并帮助平衡蛋白质过剩的饮食结构。

燕麦 是重要的纤维素来源之一，帮助调节肠道运动，并减少对胆固醇的吸收。富含人体必需的氨基酸，包括在其他谷物中含量很低的赖氨酸。

1份

50毫升樱桃果酱
100毫升米浆
5粒冰块
10颗糖渍樱桃
1根木签

樱桃果酱米浆思慕雪

难度：简单
制作：5分钟
热量：140千卡/份

1. 为了制作不加糖的水果果酱，可小火将成熟去核的水果炖至软糯的果泥。放凉，搅拌并过滤。这时，果酱就做好可以使用了。
2. 将樱桃果酱、米浆和冰块放入电动搅拌杯中。
3. 将所有食材搅拌至质地均匀。准备一根木签，串上糖渍樱桃。
4. 将混合好的饮品分倒入玻璃杯中，放上木签果串。
5. 这款思慕雪可以即时饮用，也可以放入冰箱冷藏储存。

配方特性：

樱桃果酱米浆思慕雪可净化清体，温和通便，富含抗氧化成分。制作这一饮品时，最重要的是要使用家庭自制的果酱或者选用知名公司的产品，以保证食品安全。

樱桃 是清体排毒的极好助力；温和通便，净化清体，有益肝脏。含花青素苷，有辅助抗炎和镇痛的作用。富含可溶性纤维素，能带来饱腹感。此外，还含有褪黑素（一种有助强健心脏且有效改善睡眠的成分）。

米浆 含抗氧化不饱和脂肪酸、矿物质和大量的单糖。是进行高强度体力活动人群的重要能量来源；是调节肠道功能的有效助力，适合过敏性结肠炎的患者食用。

树莓黑莓大豆酸奶思慕雪

1份

50 克黑莓
50 克树莓
100 克大豆酸奶

难度：简单
制作：10分钟
热量：100千卡/份

1. 清理莓果，用流动水洗净，置于厨房纸上晾干。
2. 留出几颗树莓和黑莓作装饰用。剩下的用离心果汁机榨汁，用玻璃杯盛放果汁。这一步骤帮助我们去除莓果里的籽，得到更为丝滑的饮品（如果你没有离心果汁机，可以用滤网过滤榨出的果汁）。
3. 取2/3的大豆酸奶与莓果汁混合。搅拌均匀倒入玻璃杯中，保留一小部分在电动搅拌杯里。再将剩下的纯酸奶倒入玻璃杯中，作为中层，最后将保留的思慕雪也倒入，作为最上层。
4. 用黑莓和树莓点缀，即时享用这款美丽的思慕雪，也可以做成极为诱人的雪芭冰糕。

树莓 促进血液循环并排毒，还帮助消化。

黑莓 保护循环系统。富含维生素A、维生素B_9和维生素C，以及柠檬酸、苹果酸、酒石酸等对瘦身有帮助的酸类。还含有纤维素，钾、铜、钙、镁等矿物质，以及类黄酮、花青素苷等多种抗氧化剂，帮助对抗退行性疾病。

大豆酸奶 有很好的清体净化作用，有助瘦身。

树莓黑莓大豆酸奶思慕雪可以帮助对抗感冒，补充能量，强化免疫系统。它是一款非常催人振奋的饮品，有着宜人的口味和令人无法抗拒的色彩。

1份

100 克梨
100 克大豆酸奶
50 克混合野莓
100 克菠萝
木签

难度：简单
制作：5分钟
热量：170千卡/份

雪梨大豆酸奶思慕雪配菠萝野莓

1. 梨削皮，切成小块（留出两三块）并与大豆酸奶混合搅拌。
2. 清理野莓果，轻柔洗净，置于厨房纸上晾干。
3. 菠萝去皮，切成小块。用木签串好梨块和菠萝块，置于小碟子中备用。
4. 将思慕雪倒入玻璃杯中，用水果串装饰，即时享用这款清新美味的零食。
5. 这款思慕雪可作为提神的早餐或是餐后的甜点。

大豆 在预防某类癌症中扮演重要角色。

菠萝 富含维生素A、维生素C和B族维生素，还含有大量的矿物质，特别是钾和镁。

树莓和蓝莓 均为野生莓果，排毒、瘦身，富含花青素，有助于预防退行性疾病。

梨 富含纤维素，帮助调节肠道运动。

配方特性：

雪梨大豆酸奶思慕雪配菠萝野莓拥有非常迷人的口味和浓郁的芳香。高度补水，有益免疫系统，帮助抵御寒冷季节疾病。

2份

200克草莓
2个成熟无花果
200克大豆酸奶
20克烤榛子碎

草莓果酱大豆酸奶思慕雪配榛子碎

1. 清理草莓，用流动水冲洗干净，去蒂，留出两颗用作装饰。
2. 将草莓切成小块，放入锅中。无花果去皮，放入草莓块中。煮到水果分解，体积变小即可。放凉，过滤。
3. 放回炉子上加热，直至果酱体积缩小一半（这样，你就能得到不加糖的甜果酱了）。
4. 食用前，取一半放凉的果酱与大豆酸奶混合，加入切碎的烤榛子。倒入玻璃杯，淋上少许果酱，撒上剩下的烤榛子碎，用草莓点缀。
5. 这款思慕雪是一份带来满足感的超级棒的零食，是值得尝试的甜品。也可以提前制作并冻成冰淇淋。

难度：中等
制作：40分钟
热量：170千卡/份

配方特性：

草莓果酱大豆酸奶思慕雪配榛子碎能带来很强的饱腹感，适合瘦身饮食，富含活性成分、矿物质和维生素。帮助预防传染性和退行性疾病。

草莓 促进肠道运动，调节血液中胆固醇的水平，清新口气。

大豆 是含蛋白质最高的植物。

榛子 富含ω-3不饱和脂肪酸，含量略少于核桃。含植物固醇，有助于心脏和循环功能；维生素E含量仅次于杏仁。通常认为榛子可减少血液里的低密度脂蛋白（LDL）和甘油三酯。

2 份

4 根新鲜红辣椒（不辣）
200 毫升豆浆
4 根新鲜或干的小辣椒（微辣）
盐（可选）

难度：简单
制作：5分钟
热量：65千卡/份

配方特性：

辣椒豆浆思慕雪是一款非常能令人活力充沛的饮品，适合炎热天气。纤体瘦身，促进新陈代谢，供应给身体丰富的氨基酸和抗氧化成分，帮助预防肠道传染病。

辣椒豆浆思慕雪

1. 新鲜红辣椒洗净，去蒂去籽，去除白色筋膜，切成小块，放入电动搅拌杯中。留少量新鲜红辣椒作装饰用。
2. 加入豆浆，如果喜欢可加入一小撮盐。
3. 短促搅拌至食材充分混合，饮品呈诱人的淡粉色。
4. 倒入玻璃杯中，用剩下的辣椒点缀，辣味爱好者可将小辣椒弄碎，撒入杯中即可享用。
5. 这款思慕雪可激发活力，促进食欲，口感丰富，可作为绝佳的餐前开胃饮品。饮用前可置于冰箱冷藏数小时。

大豆 含多种必需氨基酸。大豆还是极少能提升高密度脂蛋白（HDL）比例的高蛋白食物之一，可帮助保护动脉。

辣椒 含抗氧化生物类黄素、大量的维生素C，以及可帮助预防前列腺癌的辣椒素。此外，可助消化，有利于循环系统。

2 份

4 个仙人掌果
200 毫升杏仁乳
6 粒杏仁

难度：中等
制作：10分钟
热量：145千卡/份

仙人掌果杏仁乳

1. 戴手套洗净仙人掌果，避免被果实上的小刺扎伤。将果皮切开并揉搓去皮，用离心果汁机将2个仙人掌果榨汁。
2. 将杏仁乳、杏仁、仙人掌果汁和剩下的2个仙人掌果放入电动搅拌杯中，搅拌至细腻柔滑。
3. 如果你不喜欢带籽的饮品，可在饮用前用滤网过滤。
4. 将饮品分装在两个玻璃杯中，即时享用。

仙人掌果 含水量极高，葡萄糖、果糖和果胶的含量也很丰富。还含有多种矿物质，特别是钾、磷、钙和镁，富含维生素C。它有着通便的功效，但不建议糖尿病患者食用。仙人掌果的颜色取决于所含抗氧化花青素的含量，呈现多种色调：绿色、橙色、黄色和鲜红色。

杏仁乳 含维生素E，纤维素，钙、镁、硒、铁、锰、钾、磷等矿物质以及油酸等不饱和脂肪酸。能带来很强的饱腹感，可用于瘦身饮食，且解渴、清爽。

配方特性：

仙人掌果杏仁乳能提升能量，对抗寒冷季节的疾病，其富含的活性成分可帮助预防由于老化和自由基引起的疾病。

含动物蛋白的果汁和思慕雪

口感与风味的宝箱

钦齐亚・特伦基

不可否认，传统思慕雪和奶昔都是用牛奶制作的。相信在我们每个人的记忆中，都至少有过一款难以忘怀的清爽、美味又柔滑的果汁饮品。美妙的饮品无论用吸管小口啜饮，还是大口的狼吞虎咽，或是一勺一勺地品尝，都能再造那些纯粹愉悦的瞬间，享受给味蕾的拥抱。

在这一章中，我们将向传统的以牛奶、意式干酪和酸奶为基础的混合饮品致敬：蔬菜（如黄瓜）、香料与酸奶、牛奶与枣、意式干酪与坚果……这些配方应该有节制的应用在膳食中，因为它们比前面章节中的配方有着更高的热量。含动物蛋白的思慕雪主要适合儿童和女性，在时间紧又需要大量能量时饮用，比如在体力活动前，或是要去学习、工作的早晨。在选择甜还是咸时，唯一需要考虑的就是个人对口味的喜好。当然，给孩子的最好还是选择水果类的。而满足成人的味蕾则可以有各种让人极为餍足的组合——鸡蛋和菠菜，或者酸奶、黄瓜和香料……都将打破单调的口味。这类饮品还非常适合缓解突然袭来的饥饿感，迅速提升能量，而不违背健康饮食的准则。它们准备起来都很简单而快速：浓郁的口感中点缀少许独特的风味，如香草荚、烤香的种子、坚果和干果等，所有风味轻松地调和在一起，彼此相得益彰。本章中的某些配方，比如那些用坚果、干果和香料制作的饮品，可以放冰箱冷藏而不影响口味。香草调味的牛奶就是如此，只要跟香草荚一起煮沸过滤后，就可以在冰箱里冷藏好几天。

提升能量的组合配方

毛里齐奥·库萨尼

存在于牛奶、酸奶和蛋类中的动物蛋白是所有食物中最能提升能量并带来饱腹感的。这就能解释为什么会存在单一摄入鸡蛋、牛奶、酸奶的瘦身饮食法。这些食物含糖量低，但可激发胆囊收缩素的分泌从而缓解饥饿感。

存在于牛奶、酸奶和蛋类的动物蛋白能提供巨大的能量补充，含大量优质蛋白质，富含各种人体必需氨基酸，因此，能够帮助迅速修复受损的组织。而且，它们不会干扰糖类代谢，让胰脏超负荷运作，适合糖尿病人食用。最后，相比肉类，这些蛋白质更易消化，且含有对恢复健康非常有用的营养成分，特别是在与水果和蔬菜调和后，营养更为全面。它们还含有不饱和脂肪酸和维持动脉清洁的植物血凝素，以及多种矿物质和维生素，特别是B族维生素等。

总而言之，动物蛋白在与植物蛋白科学均衡地调配前提下，也可以帮助我们减重瘦身且对健康有益，适用于任何季节任何人群。还有一点，不要忘记它们更是承载美味的宝箱。

1份

20 克盐烤开心果
50 克意式干酪
100 克低脂牛奶
现磨胡椒

开心果意式干酪牛奶

难度：简单
制作：7分钟
热量：170千卡/份

1. 开心果去壳。与意式干酪一起放入电动搅拌杯，按个人口味加入黑胡椒，并加入牛奶。
2. 搅拌乳化所有食材，直至获得柔滑细腻如丝绒般流动的质感。
3. 倒入玻璃杯或碗里，按个人喜好单独或佐以新鲜蔬菜食用。
4. 这款乳化饮料是一款出众的零食，口感丰富，令人垂涎，可作为餐前开胃菜或开胃饮品。

配方特性：

开心果意式干酪牛奶是一款补充能量、饱腹、补水又瘦身的饮品，帮助预防新陈代谢紊乱和老年疾病，特别是循环系统的问题。

意式干酪 抑制糖尿病的发展，将其加入低热量膳食中时，可帮助减肥。

开心果 辅助抗炎症，帮助降低低密度脂蛋白。它含有抗氧化多酚、维生素A、铁和磷。因此，有助于神经系统的恢复。所含异黄酮可强健免疫系统。不加盐的开心果还有助于降血压并促进消化。

牛奶 是肠道功能的良好调节剂，但不太适合过敏或结肠炎的患者。

2份

50克羊奶意式干酪
200毫升低脂牛奶
50克去核干枣

干枣牛奶意式干酪思慕雪

1. 将意式干酪、牛奶和枣放入搅拌机。
2. 搅拌至柔滑细腻。这款思慕雪会自然分层，枣浮在上面，而液体的成分沉在杯底。如不加冰制作，可以放入冰箱冷藏几小时。
3. 这款绝妙的饮品，让人活力充沛又非常满足，可加冰稀释使其更加解渴。它的风味充满了奶油般的香浓和枣的自然甜味。

难度：简单
制作：**7分钟**
热量：**170千卡/份**

配方特性：

干枣牛奶意式干酪思慕雪非常饱腹，富含优质蛋白质，帮助保护胃肠道。可大幅提升能量，推荐给在紧张体力或脑力活动后需要迅速恢复能量的人群饮用。

枣 富含铁、镁、钾，维生素C和B族维生素，纤维素和多种糖类，使其令人精力充沛。有助于降低低密度脂蛋白（LDL），但不建议糖尿病人食用。虽然热量低，但饱腹感很强。

牛奶 保护大肠，给身体补充足够的水分，提高注意力。

意式干酪 作为一种牛奶制品，它的胆固醇含量和脂肪含量显著低于奶酪。

2 份

200 毫升低脂牛奶
1 个黄桃
50 克切块哈密瓜
50 克草莓
50 克黑莓

难度：简单
制作：12分钟
热量：80千卡/份

黄桃草莓蜜瓜黑莓牛奶思慕雪

1. 桃去皮，去核，切成小块放入一个碗里。草莓用流动水冲洗干净，去蒂，根据大小一切为二或一切为四，跟桃块放在一起。
2. 用流动水轻柔地洗净黑莓，加上哈密瓜，与桃和草莓放在一起。
3. 将所有水果倒入电动搅拌杯，加入牛奶，搅拌至质地均匀。
4. 可作为一款极佳的清淡早餐。也可以加入冰块，以制作成更加解渴的思慕雪。

配方特性：

黄桃草莓蜜瓜黑莓牛奶思慕雪有着净化排毒的作用和非常令人愉悦的口味。提升活力，带来饱腹感，它还能帮助调节消化系统，维持肠道健康，儿童也适合饮用。

草莓 是瘦身饮食的极佳补充。

桃 含钾、铁、钙、磷、钠和纤维素。富含维生素A、维生素C、维生素E和维生素K。可帮助保持皮肤健康，并防止胃肠道功能紊乱。

哈密瓜 含水量高，温和通便，补水且清爽。含丰富的铁、钙、磷、钾，纤维素和维生素（维生素A、维生素C和B族维生素）。

牛奶 是对于成长期儿童来说营养相当全面的食物。钙、磷、钾、镁的含量都很高。

2 份

1 个椰子
50 克低脂酸奶
1 根香蕉

难度：复杂
制作：15分钟
热量：160千卡/份

香蕉椰浆酸奶思慕雪

1. 用锥子刺穿椰子底部（最软的部位），用玻璃杯盛放椰汁。
2. 用硬物打开椰子壳。尽量保持两半椰壳完整，可用作小碗。
3. 将酸奶与香蕉、椰汁以及约20克椰肉放入搅拌机，搅拌至质地均匀、柔滑细腻。
4. 分装入玻璃杯或小碗中，即时享用。

香蕉 抗抑郁，富含碳水化合物和矿物质（钾、镁），对运动爱好者来说不可或缺。

酸奶 （起源于土耳其）是一种非常古老的食物。有营养，能排毒，低热量，易消化，且净化清体，适宜年长者、孩童和孕妇食用。

椰浆 一种备受推崇的膳食补充。有净化作用，带来饱腹感，帮助缓解高血压、忧虑紧张和消除橘皮组织。强化免疫系统，含维生素和多种矿物质，包括大量的钾。

配方特性：

香蕉椰浆酸奶思慕雪可替代正餐，是瘦身饮食计划的极佳助力。除可提升能量之外，可带来很强的饱腹感。

1份

1根芹菜心
100克烤甜菜根
100克低脂酸奶
15毫升柠檬汁
盐和1撮辣椒粉
2根木签

甜菜根西芹酸奶思慕雪

1. 清理芹菜并洗净。取两根芹菜秆，掰成几节，放入电动搅拌杯中。
2. 去掉甜菜根的外皮，将2/3果肉切小块并加入搅拌杯中（剩下的用来串木签，为思慕雪增添色彩和风味）。
3. 将1~2段芹菜和剩下的甜菜根一起串在木签上。
4. 向搅拌杯中加入盐、辣椒粉、柠檬汁调味，再倒入酸奶。
5. 搅拌至柔滑细腻、质地均匀。倒入玻璃杯中，放上芹菜心和木签串增添色彩和风味。
6. 这是一款很棒的零食，一份带来满足的美味食物，也可作为宜人的开胃菜，既好吃热量又低。

难度：简单
制作：10分钟
热量：71千卡/份

配方特性：

甜菜根西芹酸奶思慕雪是一款既能清体饱腹又强的饮品，有着众多的益处，可帮助预防神经系统和免疫系统的老年疾病。

甜菜根 是虚弱贫血人群的理想食物，因为它能帮助促进血红细胞的生成。还能保护肝脏，改善体能，调节动脉血压。所含谷氨酸能维持神经系统的正常功能。

酸奶 弱酸性，含乳酶，将乳糖转化成为乳酸使其更容易消化，适合自身无法合成乳糖分解酶的人群。

西芹 清体利尿，含天冬氨酸，是天然的兴奋剂。

1份

1根黄瓜
100克浓稠酸奶（希腊酸奶或类似）
15克混合香料：姜黄粉、辣椒粉、胡椒粉、孜然粉、香菜粉
盐（可选）

黄瓜酸奶咸香思慕雪

1. 黄瓜洗净，削皮，切成小块，放入电动搅拌杯中，加入30毫升酸奶。如果黄瓜足够成熟，可以不加酸奶搅拌，因为它含水量极高。
2. 将思慕雪倒入碗中，加入剩下的酸奶，用叉子手动搅拌均匀。
3. 倒入玻璃杯中，按个人口味加入香料，撒上盐调味。
4. 这款非常美味的饮品很适合作为清新消暑的夏日零食，也可作为搭配蔬菜条的完美蘸酱。

难度：简单
制作：1分钟
热量：9千卡/份

配方特性：

黄瓜酸奶咸香思慕雪是一款可以饱腹的饮品，有着不寻常却令人欣喜的口味，能加速新陈代谢，因此可帮助清体和瘦身。

黄瓜 含大量的水分（相当于90%），含有助于瘦身的酒石酸。帮助消除水肿和眼部浮肿（将新鲜黄瓜片贴在眼部），可帮助消除抗橘皮组织和妊娠纹。此外，可缓解纤维肌痛的症状和慢性疲劳综合征。

姜黄 富含一种抗氧化成分：姜黄素。

辣椒 有自然瘦身的作用，因为它可直接作用于神经系统，降低饥饿感，并刺激新陈代谢燃烧脂肪。还可帮助调节碳水化合物的代谢，有着辅助镇痛、抗炎的特性。

酸奶 含多种B族维生素，比牛奶更易消化。

2份

300毫升全脂牛奶
100克菠萝
2个百香果
20克椰肉
1根香草荚
1个青柠

香草牛奶热带水果思慕雪

1. 首先制作香草牛奶，将牛奶和香草荚煮沸5分钟，过滤，放凉。调好味的牛奶可以放入冰箱冷藏保存数日。
2. 水果洗净，菠萝去皮，青柠榨汁。切开百香果，取出果瓤。
3. 所有水果切小块放入电动搅拌杯中。加入青柠汁和牛奶，搅拌至质地均匀。
4. 分倒入玻璃杯，即时饮用，以便充分享受这份饮品的芬芳和丰富的口味。

难度：中等
制作：**15分钟**
热量：**160千卡/份**

配方特性：

香草牛奶热带水果思慕雪有着特别令人愉悦的口味，含丰富的维生素、矿物质和抗氧化成分。

椰子　可缓解吞气症，刺激免疫系统，促进骨组织形成。刺激中枢神经系统，改善专注力。椰子内含适合饮用的椰汁（一个椰子50%由水构成）。

百香果　辅助抗炎症，帮助缓解胃炎、结肠炎和水肿。

香草荚　抗抑郁，带有令人无法抗拒的香气。

菠萝　可帮助消除肿胀和橘皮组织，促进肌肉创伤和静脉功能的恢复。

2份

200克哈密瓜

1个橙子

100克低脂牛奶

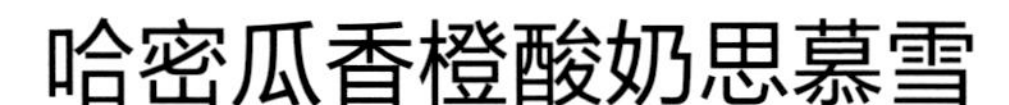

哈密瓜香橙酸奶思慕雪

1. 哈密瓜洗净，去皮去籽，去除纤维状的部分，切成小块。
2. 橙子榨汁，将橙汁倒入电动搅拌杯中。加入酸奶和哈密瓜块，搅拌成质地均匀的状态。
3. 分倒入玻璃杯中，即时饮用，享受美妙的味道。
4. 这款饮品美味而解渴，可作为早餐或零食。也可以在季节允许时加入冰块稀释。

难度：中等

制作：15分钟

热量：160千卡/份

配方特性：

哈密瓜香橙酸奶思慕雪是一款营养高度均衡的饮品，含抗氧化成分，具有保护作用，可饱腹，适合任何饮食方式。此外，它可改善专注力，为脑力活动提供营养支持。

哈密瓜 表皮光滑带有深绿色条纹。香气弥漫，橙色的果肉十分美味。富含β–胡萝卜素，一种也存在于胡萝卜中的成分，赋予它橙红色，可被身体转化成维生素A。低热量，适合所有饮食方式。

橙子 帮助控制血压，对心脏有益。

酸奶 易消化，可被人体快速吸收。

1份

1个橙子
50 克青苹果
20 克干蔓越莓
50 克羊奶意式干酪

难度：简单

制作：6分钟

热量：130千卡/份

意式干酪苹果香橙蔓越莓思慕雪

1. 橙子榨汁。过滤橙汁，倒入搅拌机。
2. 苹果削皮。切成小块，加入橙汁中，再放入蔓越莓和意式干酪。
3. 短促搅拌成质地均匀的乳霜状。倒入玻璃杯，即时享受这一口感超群的饮品。
4. 制作简单快捷，这款思慕雪既是一份口味均衡的美味零食，也是提升活力、营养全面的完美早餐。

配方特性：

意式干酪苹果香橙蔓越莓思慕雪补水解渴，富含抗氧化和保护循环系统的物质。饱腹感强，改善免疫和胃肠系统的平衡，有着孩子们喜欢的口味。

羊奶意式干酪 提供大量优质蛋白质和钙质，促进骨骼健康，还能有效控制饥饿感。

苹果 含多种维生素及ω-3不饱和脂肪酸，帮助应对哮喘。

橙子 对病愈后、高强度体力活动后和患寒冷季节的疾病期间恢复精力非常有用。

蔓越莓 富含矿物质和维生素C。含抗氧化成分，有助改善肠道菌群，强化免疫系统。

2 份

200 克小菠菜
30 毫升奶油
15 毫升柠檬汁
15 毫升特级初榨
橄榄油
2 个生蛋黄
盐和胡椒

难度：中等

制作：10分钟

热量：140千卡/份

菠菜蛋黄思慕雪配柠檬汁和胡椒

1. 将菠菜浸泡在冷水中清洗干净。去除叶片上残留的泥土，沥干。
2. 将一半菠菜叶放入离心果汁机榨汁，将菠菜汁倒入电动搅拌杯中。
3. 加入奶油、剩余的菠菜和橄榄油。搅拌至细腻柔滑的乳霜状。分倒入两个杯子或小碗里，上面各放一只蛋黄，用几滴柠檬汁、盐和胡椒调味。
4. 建议作为提升活力的早餐，也可作为原创的、令人惊艳的开胃头盘！

柠檬 有助于缓解因疲劳和寒冷引起的关节痛。

胡椒 利尿，促进瘦身和消化，有益新陈代谢。有多种品种：白色、绿色、粉色和黑色（最常见）。不建议高血压或患痔疮的人群食用。

菠菜 含大量维生素C和叶酸。食用菠菜对于过敏、贫血、皮炎和内分泌失调的人群十分有益。

蛋黄 含大量的维生素和矿物质。

配方特性：

菠菜蛋黄思慕雪配柠檬汁和胡椒饱腹感强，提升活力，可替代完整的一餐。促进新陈代谢，燃烧多余热量，辅助微循环，富含维生素C。

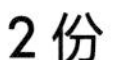

2份

100克葡萄
1个苹果
1个梨
100克低脂酸奶

葡萄雪梨苹果酸奶思慕雪

1. 洗净葡萄、苹果和梨。苹果和梨削皮，去蒂去核，切成小块。将葡萄从茎上摘下，一切为二去籽。
2. 将酸奶、葡萄、苹果和梨块放入电动搅拌杯中。
3. 搅拌至质地均匀，倒入玻璃杯中，即时享用。
4. 这款思慕雪是极为解渴的早餐选择，口味令人愉悦。可以加入冰块稀释，或者放入冰淇淋机搅拌30分钟制成雪芭冰糕。

难度：简单
制作：**12分钟**
热量：**133千卡/份**

配方特性：

葡萄雪梨苹果酸奶思慕雪可带来很强的饱腹感，能调节肠道运动，推荐作为预防各种寒冷季节疾病的饮食措施。此外，排毒效果很好，适合吸烟者及生活在被雾霾困扰的城市中的人群。

葡萄 富含易消化吸收的单糖，如葡萄糖和果糖。含B族维生素，特别是维生素B_1、维生素B_2和维生素PP，维生素A和维生素C，矿物质和白藜芦醇等抗氧化成分。

苹果 帮助排毒，特别针对吸烟人群。

梨 与苹果中所含纤维素协同作用，还提升果胶的功效。

酸奶 牛奶中所含的乳糖已被分解成其他糖类（葡萄糖和半乳糖），适合乳糖不耐受的人群。

2 份

4 个去核杏脯（约 40 克）
6 个去核西梅（约 50 克）
200 克浓稠低脂酸奶
2 个西梅和 2 个杏脯（用于装饰）

西梅杏脯酸奶思慕雪

1. 将干果切成小块，连同酸奶一起放入电动搅拌杯中。开启搅拌杯，搅拌至浓稠、质地均匀且如奶油般柔滑细腻。
2. 将思慕雪倒入玻璃杯中，用西梅和杏脯点缀，即时享用。
3. 这是一款可以在冰箱冷藏几小时而不会改变风味的思慕雪。可以放入冰淇淋机搅拌30分钟，制成美妙的甜品。

难度：简单
制作：6分钟
热量：130千卡/份

配方特性：

西梅杏脯酸奶思慕雪是一款几乎跟正餐一样饱腹的饮品。容易消化，特别适合受便秘困扰的人群，或是需要在高强度体力活动或心理紧张后快速提升能量的人群。

酸奶 是牛奶在特定的细菌作用下发酵成的。含非常丰富的钙，容易消化，乳糖不耐受的人群可以食用。

西梅 有强大的通便效力。还含有抗氧化成分，如槲皮素，能刺激胆汁分泌，促进消化。

杏脯 保留了新鲜果实所含的所有矿物质，富含纤维素，能帮助维持肠道正常功能。

2份

50克百花蜂蜜
200克山羊奶酸奶
1撮肉桂粉
2小块肉桂棒

酸奶蜂蜜肉桂思慕雪

难度：简单
制作：6分钟
热量：130千卡/份

1. 取一只大碗，将2/3的蜂蜜、酸奶和肉桂粉用电动搅拌杯混合搅拌。将成品分倒入两只玻璃杯中。
2. 剩下的蜂蜜用勺子盛出淋在饮品表面作装饰，再放上一根肉桂增加香气。
3. 这是一款制作简单却味道出众、香气宜人的饮品。此外，蜂蜜在摄入量不高的时候，是非常棒的甜味剂，营养丰富，热量高。每100克蜂蜜约含303千卡热量。

配方特性：

酸奶蜂蜜肉桂思慕雪是一款令人愉悦、香气迷人的饮品，可饱腹，提升能量，是经历心理压力后或体能恢复期时的理想食品。补充水分，促进消化，推荐肠道失调的人群饮用。

山羊奶酸奶 非常容易消化，可以帮助强化免疫系统。

蜂蜜 是一种被蜜蜂预消化过的物质，因此非常容易被人体吸收。可谓是能量宝箱。

肉桂 一种抗氧化效力突出的香料。含有大量的单宁酸和樟脑。含胰蛋白酶，有防腐抗菌，缓解痉挛，促进降血脂，调节血糖水平。肉桂还可以预防肠道发酵，降低食欲。最近，还认为肉桂对神经性疾病和痴呆具有积极作用。

1份

1根中等大小西葫芦
30毫升稀奶油
1个蛋黄
5克混合种子：白芝麻、黑芝麻和葶苈子
盐和胡椒

西葫芦蛋黄思慕雪配芝麻葶苈子

难度：中等
制作：10分钟
热量：156千卡/份

1. 种子用不粘烤盘烤出香味，使其更容易消化。
2. 西葫芦洗净，切去两端，切成小块，放入搅拌机中。
3. 将西葫芦和奶油一同搅拌至柔滑细腻质地均匀，倒入碗中。按个人口味用盐和胡椒调味，加入蛋黄充分混合。
4. 将调好的饮品倒入玻璃杯，撒上烤过的种子，享受这款饮品超群的口味和香脆又丝滑浓稠的口感。

配方特性：

西葫芦蛋黄思慕雪配芝麻葶苈子是一款饱腹感很强的饮品，可替代正餐。富含预防老龄化疾病的成分，促进肠道蠕动。

西葫芦 是一种十分容易消化的蔬菜，含水量高（约占自身重量的94%），且热量低。

蛋黄 含大量乳糖。乳糖促进高密度脂蛋白的合成，还能保持血管弹性，改善循环。

葶苈子 含大量的矿物质，尤其是铁，还包括含量较少的镁、铜、锌、磷、碘和钙。此外，它还含高浓度的维生素B_2、维生素A，维生素PP和维生素C。

芝麻 富含钙、锌、磷、硒、钾、铜和镁。食用可帮助保持免疫系统健康，促进病后体力恢复。

2份

1根黄瓜
1根西葫芦
100克低脂酸奶
15毫升柠檬汁
盐和胡椒

西葫芦黄瓜酸奶思慕雪

1. 黄瓜洗净，切去两端，留出几片用作装饰。剩下的去皮，切成小块，放入电动搅拌杯中。
2. 西葫芦洗净，削去两端，切片，加入黄瓜中。
3. 加入酸奶，按个人口味加入盐和胡椒调味，再加入柠檬汁。搅拌至柔滑细腻香浓。
4. 倒入玻璃杯中，用黄瓜片点缀，即时享用。
5. 除了作为一款清爽的饮品，或是一份令人愉快的、超低热量的零食，这款思慕雪还可以用作沙拉酱汁。

难度：简单
制作：7分钟
热量：42千卡/份

配方特性：

西葫芦黄瓜酸奶思慕雪是一款十分解渴，且利尿的饮品，有益胃肠系统，帮助预防退行性疾病，保护血管和眼睛。

西葫芦 是一种富含抗氧化物质的蔬菜，包括预防机体功能退化的黄嘌呤。

黄瓜 是一种有利尿排毒特性的蔬菜。含黏液和植物固醇，可降低胆固醇。

酸奶 除了拥有牛奶的益处、对成长发育中的儿童很有益之外，还含有B族维生素。所含乳酶对维持消化系统健康很重要。此外，还能保护胃肠系统，特别是在抗生素治疗期间。

1升牛奶　1升全脂牛奶　4根香草荚

香草牛奶

1. 香草牛奶是一种应用广泛的基础配方，可以在冰箱冷藏室储存几天。
2. 碾碎香草荚，放入牛奶中。小火煮沸5分钟。
3. 放凉，用滤网过滤。
4. 室温的香草牛奶直接饮用就很美味，但也可以加入几块冰变成清爽解渴的饮料。

难度：简单

制作：**7分钟**

热量：**63千卡/100毫升**

配方特性：

香草牛奶可有效提升能量，适合剧烈运动后或恢复期重获体力。它有着令人愉悦的芳香，饱腹感强，适合加入瘦身饮食。

牛奶　乳糖不耐症人群很难消化。如果从孩童时代开始持续喝牛奶，身体会持续生成乳糖分解酶。牛奶富含钙，有益于牙齿和骨质生成，还可以帮助降低血压。

香草　是一种香甜、香气浓郁的香料，从一种特别的兰花中提取而来，标志是巨大的黄色花朵。所含香草醛有抗菌、促消化的作用，某些文化传统认为香草还有催情的功效。

1份

150 克草莓
1 个柠檬
100 克浓稠全脂酸奶（希腊式或类似品种）
40 克打发奶油

草莓酸奶

难度：中等
制作：10分钟
热量：245千卡/份

1. 草莓用流动水冲洗干净，去蒂，取一半用离心果汁机榨汁。
2. 将剩下的草莓放在厨房纸上晾干，再放入碗中。
3. 柠檬榨汁，用滤网过滤。
4. 用一个浸入式搅拌器或打蛋器混合酸奶、奶油、柠檬汁和草莓汁。搅拌至质地均匀。倒入一个碗中，用剩下的草莓增添风味。
5. 推荐在特别的活动场合享用，这款饮品风味醇香，可作为出色的甜品，但比水果和植物蛋白类的配方热量略高。

配方特性：

草莓酸奶有着不俗的口感和风味。富含蛋白质和抗氧化物质，能带来很高的饱腹感。除了可以保护肠道，它还能刺激神经系统和免疫系统，是适合儿童、青少年的极佳饮品。

草莓 保护身体组织，延缓衰老；它能净化、清体，预防橘皮组织产生。有助燃脂瘦身，保护牙齿免受牙周炎和龋齿的困扰。含多种能帮助平衡中枢神经系统的成分，含叶酸，可帮助预防老龄引起的失忆健忘。最后，它被列为“超级食物”，因为其抗氧化物质含量较高。

酸奶 积极助力孩子成长发育，含与牛奶一样的蛋白质成分，还含有大量的锌（一种对皮肤健康很重要的矿物质）。

作者简介

毛里齐奥·库萨尼 出生于意大利北部城市科摩，在米兰从医。多年前，他开始对营养学及其对人体的影响感兴趣。为了学习更多与这个新兴趣有关的知识，他成了伊斯兰教苏菲主义和古典传统的研习者，这也是他一直以来在旅行中特别关注的领域。他著有很多专题论文和文章，都与营养食品、符号学、苏非主义、古代传统、身体医学以及健康等有关。他与钦齐亚·特伦基一同为意大利Whitestar出版社撰写了《零麸质美食菜谱》和《零脂肪美食菜谱》。

钦齐亚·特伦基 自然疗法医师、记者和独立摄影师，专注于营养、红酒和美食生活等领域，参与了大量在意大利和其他国家出版的菜谱书籍的撰写。她是一位对烹饪充满热情的厨师，为很多意大利杂志工作多年，重现有特色的地方、传统、长寿饮食、天然的菜肴，提供文字和图片，也推荐她自创的菜式。她的烹饪书介绍原创的、有新意的食物，搭配口味，尝试不寻常的配搭，探寻好味道的食物，同时考虑食材的营养，努力寻求一种均衡的膳食方案，不断改善健康。她生活在意大利山麓地区，住在费蒙拉托一座掩映在一片绿意的房子里。她用自己花园里的鲜花、香草和蔬菜制作酱汁和调味料，点缀菜肴，让季节更替和对土地、果实的理解引领她的创作。她在意大利Whitestar出版社出版了《零麸质美食菜谱》《零脂肪美食菜谱》《辣椒——辛辣的热情瞬间》和《我最爱的菜谱》。

索 引

X

Y

Z

除下列注明外，本书照片均由Cinzia Trenchi拍摄
第1页 haveseen/123RF图库
第2～3页 saschanti17/Shutterstock图库
第4～5页 tanjichina/Shutterstock图库
果蔬插画 Siarhei Pleshakov/123RF图库
有机产品插画 Samtoon/123RF图库

图书在版编目（CIP）数据

思慕雪 & 果蔬汁，一杯锁住营养与健康 /（意）毛里齐奥·库萨尼（Maurizio Cusani），（意）钦齐亚·特伦基（Cinzia Trenchi）著；程艺蕾译. —北京：中国轻工业出版社，2019.9

ISBN 978-7-5184-2442-9

Ⅰ. ①思… Ⅱ. ①毛… ②钦… ③程… Ⅲ. ①果汁饮料 – 制作 ②蔬菜 – 饮料 – 制作 Ⅳ. ① TS275.5

中国版本图书馆 CIP 数据核字（2019）第 069012 号

责任编辑：钟 雨 伊双双 责任终审：张乃柬 整体设计：锋尚设计
策划编辑：钟 雨 伊双双 责任校对：晋 洁 责任监印：张 可

出版发行：中国轻工业出版社（北京东长安街6号，邮编：100740）
印 刷：北京富诚彩色印刷有限公司
经 销：各地新华书店
版 次：2019年9月第1版第1次印刷
开 本：720 × 1000 1/16 印张：13
字 数：100千字
书 号：ISBN 978-7-5184-2442-9 定价：68.00元
邮购电话：010-65241695
发行电话：010-85119835 传真：85113293
网 址：http://www.chlip.com.cn
Email：club@chlip.com.cn
如发现图书残缺请与我社邮购联系调换
171359S1X101ZYW